Child's marine cap

Colorful socks

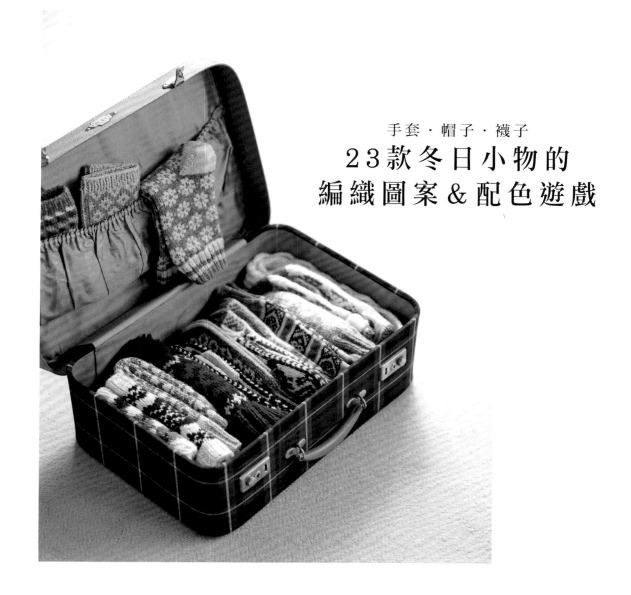

手套・帽子・襪子
23款冬日小物的
編織圖案&配色遊戲

以北歐的傳統圖案與色彩搭配為基礎,
設計了各式各樣可活用於日常搭配的織品。
就算是初學者也能放心編織,
請從最簡單的花樣開始挑戰看看。
若是能為大家帶來鉤織的樂趣,與穿戴在身上時的喜悅就太好了
希望這些作品能成為各位衣櫃中的小小寶物。

すぎやまとも

contents

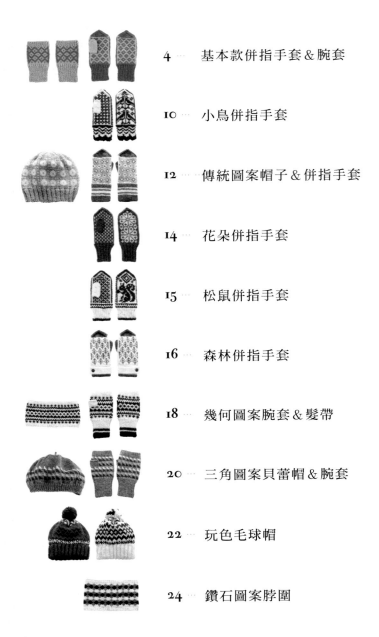

Simple mitten & hand warmer

❈ ❈ ❈

❈
❈
❈ ## 基本款併指手套＆腕套
❈
❈ 以菱形花樣相接而成的簡單圖案，
❈ 最適合初次編織圖案的初學者。
❈ 腕套則是直線編織即可的簡單設計。

how to make P.52（併指手套）
lesson&how to make P.6（腕套）
yarn Hamanaka Warmmy

Lesson 1　基本款腕套

❋ ❋ ❋ ❋ ❋
photo　P.5

只要直直的編織即可，因此相當簡單。

很適合作為練習織入花樣的作品，初學者請務必挑戰看看。

※步驟解說圖是左手的織法。編織右手時更改拇指開口的位置即可。

❋ 完成尺寸

　　手掌圍21㎝　長18㎝

❋ 密度

　　10㎝正方形＝織入圖案20針×23段

❋ 編織重點

● 手指掛線起針42針，作輪編，以一針鬆緊針編織
　19段。

● 橫向渡線編織21段的織入圖案，在第15段的拇指
　開口處作套收針，第16段以捲加針製作開口（套
　收針與捲加針都使用藍色線）。

● 繼續以一針鬆緊針編織4段。

● 收編的套收針針法同結束段。

● 編織右手腕套，織法僅變更拇指開口位置。

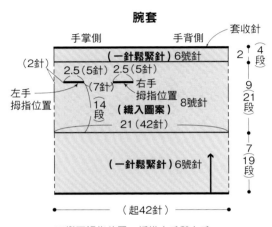

※變更拇指位置，編織右手與左手。

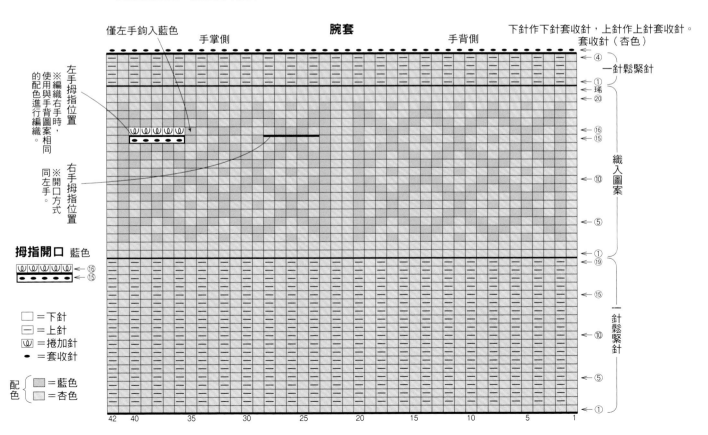

拇指開口　藍色

□＝下針
─＝上針
ⓦ＝捲加針
•＝套收針

配色 { ▨＝藍色　▨＝杏色

Hamanaka　Warmmy

杏色（2）40g、藍色（9）10g

棒針（5支短棒針）8號、6號

段數環（1個）

毛線針

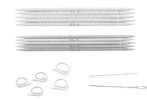

起針

01 從最基本的「手指掛線起針」開始編織。線頭留下完成尺寸的3倍長度，左手按住線圈交叉處。

02 從線圈中拉出織線。

03 將2支棒針（6號）穿入線圈，下拉織線收緊線圈。

04 完成1針。拇指掛線頭端，食指掛線球端織線，棒針依箭頭指示穿入挑線。

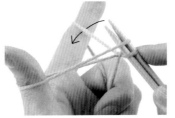

05 棒針繼續依箭頭指示穿入。

06 依圖示直接穿過掛在拇指的織線。

07 鬆開拇指上的織線，往下拉緊。

08 完成第2針。

09 重複步驟04～08作42針。完成第1段。

10 抽掉1支棒針，將針目分移到3支棒針上。

編織一針鬆緊針

□ 下針

11 每支棒針各分14針。此時請確認針目是否有扭曲（圖為起針針目朝內側狀態）。

起針處

12 起針針目正面朝外作輪編，第一針依箭頭方向從左側穿入棒針。

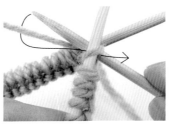

13 掛線作引拔。

14 織1針下針。要注意，起針針目最後1針與第2段起針針目間，不要有空隙。

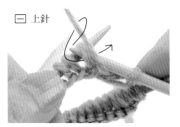

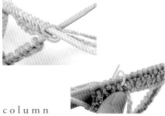

□ 上針

15 第2針依圖示從右側插入棒針，依箭頭指示掛線引拔。

16 織1針上針。

17 重複步驟12～16，編織下針與上針，完成第2段的模樣。

column

在編織終點掛上段數環，就能清楚分辨下一段針目的起始處。此外，若一直在相同位置分開針目，容易出現空隙，編織時前後挪動2、3針就可織出漂亮的織片。

織入圖案

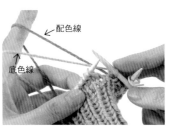

18 以一針鬆緊針的輪編完成19段。

19 改換8號棒針。第1～2段以底色線（杏色）1色編織下針。織入圖案皆以下針編織。

20 以底色線（杏色）編織2段的模樣。

21 第3段以底色線（杏色）織1針，配色線（藍色）掛在食指上。（固定以配色線在上，底色線在下的順序，掛在手指上。）

配色線
底色線

22 第2針，底色線在下方休停，以配色線（藍色）織1針。

23 底色線（杏色）織 針，配色線（藍色）織1針的模樣。

24 第3針配色線（藍色）在上方休停，編織底色線（杏色）。

25 織完第3針的模樣。織入圖案時要注意，不可讓背面的織線扭曲糾結，要固定配色線在上，底色線在下，而手指上掛線的順序也不能變更。

配色線
底色線

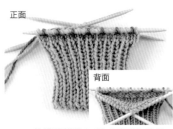

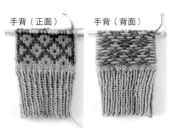

正面
背面

26 依織圖編織21針（手背）的狀態。編織時要一邊確認，背面的渡線長度是否與編織針目寬度相同。

手背（正面）　手背（背面）

27 依織圖編織。完成至第14段的狀態。

OK
織線拉太緊

point

織入圖案時，織線的鬆緊度相當重要。背面渡線太緊或太鬆都會讓針目不齊，無法織出漂亮的圖案。必須一邊編織一邊確認織線鬆緊度是否一致。

28 織到第15段拇指開口位置前，將底色線（杏色）留下約10㎝後剪斷。

編織拇指開口

● 套收針

29 第15段，編織拇指開口第1針的下針。

覆蓋

30 織第2針下針，將右側織好的第1針挑起，覆蓋在第2針上織套收針。

31 完成1針套收針的模樣。

32 以相同織法再套收4針後，編織第15段其餘針目。

ω 捲加針

33 依織圖編織第16段至拇指位置前，依圖示在棒針上掛線後，將食指鬆開。

34 以相同方式作5針捲加針。接著編織第16段其餘針目。

35 編織第17段，依圖示在前段的捲加針挑針，按織圖配色編織下針。

36 編織第17段，完成拇指開口的模樣。

編織套收針

37 接著依織圖織入圖案，編織至第21段。

38 改換6號棒針，編織4段一針鬆緊針。

套收

39 收針是編織與最終段相同的針目作套收，下針織下針套收、上針織上針套收（套收要領同29～32的套收針）。

↑往上拉

40 最後留下約15cm長的線段後剪線，最後的針目依圖示拉大。

收針藏線

41 線頭穿入毛線針，穿過套收針目的第1針後，回到收針的針目。

42 縫針在織片內側，縱向穿過織線後剪線。

43 起針的線頭穿入縫針，如圖示穿過起針針目消除高低差後，以步驟41、42的作法藏線。

44 配色線的線頭同樣在內側藏線，穿入同色針目固定，注意不可在正面露出。

Mitten of a little birds
❖ ❖ ❖

❖ **小鳥併指手套**
❖
❖ 手腕處的扇貝花樣增添可愛感。
❖ 改換配色或不同粗細織線，
❖ 作出不同大小、風格的併指手套也不錯。

lesson&how to make P.38
yarn Hamanaka　Fair Lady 50（P.10、P.11左上・下）
Hamanaka　Korpokkur（P.11右上）

Cap & mitten of a tradition design ❖❖❖

❖ 傳統圖案帽子 & 併指手套

❖ 活用北歐傳統圖案編織的帽子與併指手套。
❖ 即使圖案不同，只要使用沉穩的配色，
❖ 就能享受搭配成套的樂趣。

how to make P.54（帽子）P.56（併指手套）
yarn Hamanaka Mens Club Master（帽子）
Hmanaka Sonomono Tweed（併指手套）

❈ 花朵併指手套

兩朵大花並排的併指手套,
以明亮的黃色編織圖案,似乎可以愉悅的渡過寒冬呢!

how to make P.58
yarn Hamanaka Fair Lady 50

Mitten of a squirrel

❅ 松鼠併指手套

以森林中突然冒出的松鼠為主題。
茶色×原色的沉穩配色，呈現些許成熟感。

how to make P.49
yarn Hamanaka Aran Tweed

※ ## 森林併指手套

※ 滿載樹木圖案的併指手套，還可以直接組合在圍巾上。

※ 連接的鈕釦孔是隱藏在裝飾釦帶內側的設計。

how to make P.67

yarn Hamanaka Sonomono〈合太〉

Hand warmer & hair band
❋ ❋ ❋

❋
❋ **幾何圖案腕套 & 髮帶**
❋
❋ 將白×黑的幾何花樣設計成條紋狀的織入圖案。
❋
❋ 腕套的圖案只要織得長些就能作成髮帶了。

how to make P.60（腕套）P.61（髮帶）
yarn Hamanaka Fair Lady 50

三角圖案貝蕾帽 & 腕套

將許多三角旗排列在一起的可愛圖案。

雖然看來多彩繽紛，但是由於一段之中只使用兩色編織，所以相當簡單。

how to make P.62（貝蕾帽）P.63（腕套）
yarn Hamanaka Fair Lady 50

❋ **玩色毛球帽**

❋ 基本的毛球帽只是改換不同配色，

❋ 就營造出完全不同的印象。

❋ 帽頂的白色毛球混合了些許深藍色，加上變化。

how to make P.64
yarn Hamanaka Mens Club Master

鑽石圖案脖圍

茶色與黑色的菱形交叉排列，形成脖圍的圖案。
由於不需加減針，直直編織成筒狀就完成了！

how to make P.66
yarn Hamanaka Aran Tweed

❀ 花朵圖案腹圍

Tweed線材編織的腹圍，亦能當作脖圍使用。

若想更改長度，請以一個花樣為單位進行增減。

how to make P.82
yarn Hamanaka Aran Tweed

Child's marine cap
❈ ❈ ❈

❈ **兒童海軍帽**

❈ 以紅、藍、白三色構成的海軍色彩，
❈ 編織出條紋與船錨圖案。
❈ 加上大大的毛球，完成可愛的海軍帽。

how to make P.70
yarn Hamanaka Mens Club Master

❋ 兒童併指手套

❋ 即使是大人風格的幾何圖案，
❋ 只要結合鮮豔的色彩就很適合小朋友。
❋ 推薦使用耐磨強韌的壓克力混紡線來編織兒童手套。

how to make P.72
yarn Hamanaka Pombeans

彩色條紋襪

腳背部分織入一圈菱形的圖案。
腳踝的鬆緊針則以三色編織條紋，作出多彩襪子。

how to make P.74
yarn Hamanaka Korpokkur

Colorful socks

❄ 繽紛方塊襪

使用四色織線配色，編織小方塊相連而成的條紋花樣。

由於是十分規則的圖案，因此只要記住一個花樣的織法就可以順利編織。

lesson&how to make　P.44
yarn　Hamanaka　Fair Lady 50

✿ 花朵圖案襪

滿是小巧花朵的襪子，
重點在於灰色系的搭配與鬆緊針的條紋花樣。
若使用相反的配色也同樣時尚。

how to make P.76
yarn Hamanaka Korpokkur

Socks of a fair isle design
❀ ❀ ❀

❀ **費爾圖案襪**
❀
❀ 乍看之下相當困難的費爾花樣，
❀ 其實編織技法與一般織入圖案相同，因此若細心編織，初學者也OK！
❀ 變化各種配色的樂趣，也是編織圖案的醍醐味。

how to make P.78
yarn Hamanaka Korpokkur

幾何圖案襪套

只要直直編織就好的襪套，

讓細線編織的圖案也變得簡單許多。

加入幾何學圖案的條紋，顯得更有特色。

how to make P.80
yarn Hamanaka Sonomono 〈合太〉

Knitting Motifs

Lesson & How to make

❋ ❋ ❋

織入圖案是以不同顏色的織線交錯編織，看起來似乎相當困難，
但其實織法單純容易，就算是新手也可以輕鬆編織。
必須注意的地方在於織線的鬆緊度。背面的渡線（不編織，暫時休停的線）
不能拉得太緊或放得太鬆，保持相同的鬆緊程度為其重點。
初次練習時，一邊確認背面的渡線一邊編織吧！

❋ ❋ ❋ ❋ ❋

本書的圖案都是特別花費心思挑選，即使是初次編織圖案也不易失敗。
所有作品都是「1段之中最多只使用2色織線」、
「在背面作長距離渡線的設計較少」、「只要橫向渡線就能完成」。
請先選擇中意的作品，試著來挑戰看看吧！

Lesson 2
✶✶✶✶✶
photo P.10

小鳥併指手套

以這副可愛小鳥圖案的併指手套作為示範教學。併指手套的編織重點，
是指尖的減針與拇指針目的挑針作法。手腕的扇形花樣也一併藉由步驟解說學會吧！

※為了讓P.10作品的編織針目更清晰易懂，此處使用不同色線示範。
※步驟解說圖是右手的織法，編織左手時更改拇指開口位置即可。

❀ 完成尺寸
手掌圍20cm　長27cm

❀ 密度
10cm正方形＝織入圖案24針×26段

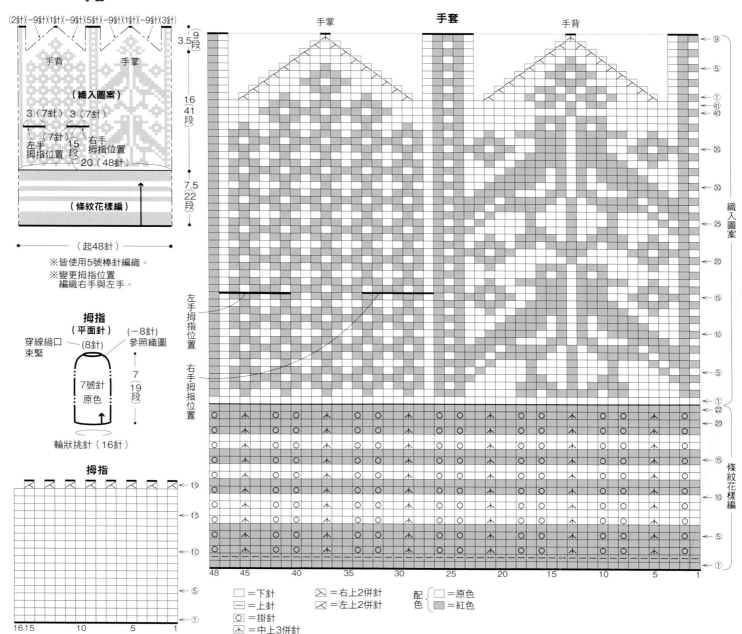

手套

（2針）（-9針）（1針）（-9針）（5針）（-9針）（1針）（-9針）（3針）

手背　　手掌

（織入圖案）

3（7針）　3（7針）

（7針）
左手　　15　　右手
拇指位置　段　拇指位置
20（48針）

（條紋花樣編）

—（起48針）—

※皆使用5號棒針編織。
※變更拇指位置
　編織右手與左手。

拇指
（平面針）

穿線縮口　　（-8針）
束緊　　　　參照織圖
　　　(8針)
　　　　　　　7
　　　　　　　19
　　　　7號針　段
　　　　原色

輪狀挑針（16針）

拇指

手掌　　　　　**手套**　　　　　手背

左手
拇指位置

右手
拇指位置

織入圖案

條紋花樣編

□＝下針　　　　⊠＝右上2併針　　配　□＝原色
－＝上針　　　　⊠＝左上2併針　　色　▨＝紅色
○＝掛針
⋏＝中上3併針

38

❖ 材料

Hamanaka　Fair Lady 50

原色（46）32g・紅色（21）35g

※P.10作品為原色（46）與黑色（50）

棒針（5支短棒針）5號

段數環（若有的話1個）

毛線針

❖ 編織重點

● 手指掛線起針48針，作輪編，編織22段條紋花樣編。

● 橫向渡線編織41段織入圖案，取別線編織拇指位置的針目（編織左手時要更改拇指位置）。

● 指尖部分依圖示一邊減針一邊編織9段，最終段針目穿線2圈後拉緊。

● 分別以2支棒針穿入拇指上下兩側的針目，解開別線。兩端的渡線也各挑1針，共挑16針作輪編。最終段減針，所有針目穿線2圈後拉緊。

起針

01 取紅色線以「手指掛線起針」（參照P.7・P.83）開始編織。

02 起針48針的模樣。完成第1段。

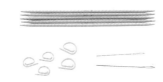

起編處

03 抽掉1支棒針，將針目平均分至3支棒針上。此時要注意針目是否有扭曲。

編織條紋花樣編

04 編織時要注意，起針的最後1針與第2段的起編針目間不要有空隙，第2段是編織一段上針。

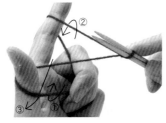

05 完成第2段。在終點針目穿入段數環，就能清楚分辨換段之處。

06 第3段先織1針下針。

◯=掛針

掛線

07 接著，將掛在手指上的織線，由內側往外側掛在右棒針上（掛針）

下針　掛針　下針

08 接下來織2針下針。

⟋=中上3併針

09 下一針是織中上3併針。依箭頭方向入針，2針不織，直接移至右棒針。

10 接著織1針下針。

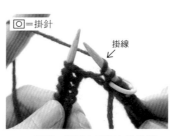

11 完成下針的模樣。

覆蓋

12 左棒針穿入步驟9不編織的2針，覆蓋在步驟11編織的針目上。

13 完成中上3併針。

14 依織圖編織掛針、中上3併針，編織6段後改換原色線。紅色線暫時休息不織。

15 以原色線織到第10段。

16 第11段是將休息的紅色線拉起，與原色線交叉後再開始編織。

17 以相同方式交替使用紅色與原色線，編織22段條紋花樣編。

18 完成條紋花樣編（手腕部分編至22段）。

19 從背面可以清楚看見，換段處的針目有交叉渡線。換色時依步驟16將線交叉，就能作出漂亮的渡線。

編織織入圖案

20 織入圖案的第1段全部以原色線編織。 織入圖案皆以下針編織。

21 第2段，以原色（底色線）在下，紅色（配色線）在上的順序，將織線掛在左手食指，先以紅色線編織2針。

22 再以原色線編織5針，但織至第3針時先暫停。

23 將休息的紅色線在背面交叉後，編織第4針。

24 完成第4針的模樣。針目背面會夾入紅色線。

25 完成原色線編織5針的模樣。像這樣渡線距離較長時，只要在背面交叉線，夾入針目編織，就能織得很漂亮。

26 完成織入圖案的第2段（手背）。

27 完成織入圖案的第2段（手掌）。

28 一邊編織一邊確認背面渡線長度與針目寬度相同。

手背　　　手掌

29 依織圖織入圖案，編織至第5段的模樣。

手背　　　手掌

30 繼續編織織入圖案，完成至第15段的模樣。

31 編織至第16段拇指位置前，原色與紅色線皆休停，以別線編織7針下針（為方便之後拆除，可使用棉線作為別線）。

32 以別線編織7針的模樣。

←移動針目

33 將別線編織的針目移到左棒針上，注意針目不可扭曲。

34 別線針目全部移到左棒針上的模樣。

35 挑別線針目，以休息的原色與紅色線開始編織。

36 繼續依織圖編織第16段其餘針目。

指尖的減針

37 依織圖織入圖案，編織至第41段。

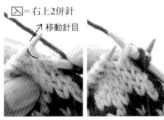

⊠=右上2併針

↗移動針目

38 指尖的第1段以紅色・紅色・原色的順序編織3針，下一針不織，直接移至右棒針。

39 接下來織1針下針。

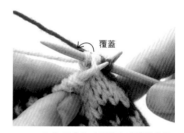

←覆蓋

40 左棒針穿入步驟38不編織的移動針目，套在步驟39織好的針目上。

41 完成右上2併針，減1針。

⊠=左上2併針

42 接著依織圖編織15針，棒針依箭頭指示從左邊一次穿入2針，2針一起織下針。

43 完成左上2併針，減1針。

減針的地方

44 接著依織圖編織5針，手掌側作右上2併針的模樣。以第25針為中心，對稱減針。

☑=中上3併針

45 依織圖以相同作法在兩側邊減針，編織至指尖的第8段。

46 第9段，先織紅色‧紅色‧原色3針。

47 接下夾織中上3併針。依箭頭方向入針，2針目不織，直接移至右棒針。

48 織一針下針。

覆蓋

49 左棒針穿過步驟47不編織的移動針目，套在步驟48織好的針目上。

50 完成中上3併針。手掌側也以相同作法編織。

51 編至指尖的最終段，留下約15cm線段後剪線。線頭穿入毛線針，最後的針目全部穿線2圈。

52 拉線收緊，線頭從中心穿至背面。

編織拇指

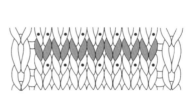

53 縫針在背面再次穿入收緊的針目，收針藏線時注意不要外露到正面。

54 僅拇指未織，完成右手手套主體的模樣。

55 依圖示在●的部分挑針，將棒針穿入針目。

56 棒針穿入針目後，拆掉別線（也可依右上圖，邊拆別線邊穿入棒針）。

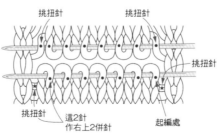

挑扭針　　　挑扭針

挑扭針

挑扭針

這2針作右2併針

起編處

移動

57 拆掉別線的模樣。下方棒針掛7針，上方掛8針。

58 依圖示編織。為了避免兩側產生空隙，因此也要在兩側挑針（兩側是挑渡線作扭針，見步驟59～67）。

59 從起編處開始織6針，第7針不織，直接移到右棒針。

60 從側邊的渡線★開始挑針。

61 右棒針依箭頭指示入針，扭轉渡線般編織下針（扭針）。

62 完成下針（扭針）。

63 左棒針穿入步驟59不編織的移動針目，套住步驟61織好的針目，作2併針。

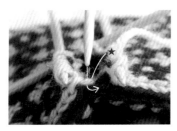

64 繼續織1針扭針、6針下針、1針扭針，在側邊的渡線 作最後的挑針。

65 右棒針依箭頭指示入針，扭轉渡線般編織下針（扭針）。

66 完成下針（扭針）。

67 全部挑16針，完成拇指的第1段。

68 接著以原色線編織18段平面針。

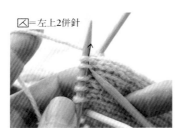

☒=左上2併針

69 第19段是織左上2併針。棒針依箭頭指示入針。

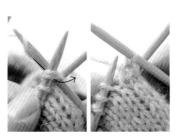

70 2針一起織下針，完成左上2併針。

71 以相同作法重複織7次左上2併針，留下15cm長的線段後剪線。

收針藏線

72 線頭穿入毛線針，最後的針目全部穿線2圈。

73 拉線收緊，線頭從中心穿至背面。收針藏線，並且注意不要外露到正面。

74 起針處線頭穿過最初的起編針目後拉線，消去高低差。

75 縫針縱向穿入背面的織線中，藏線。

Lesson 3　繽紛方塊襪

❋ ❋ ❋ ❋ ❋
photo　P.30

來挑戰織入4色的襪子吧！只要學會腳跟的減針＆挑針，
以及腳尖的平面針併縫，就能以相同織法編織其他款式的襪子了。
※步驟解說圖是右腳的織法，對稱編織左腳即可。

❋ 完成尺寸
　　腳長22.5cm　腳背圍23cm　襪筒長20.5cm
❋ 密度
　　10cm正方形＝平面針 22.5針×28.5段
　　10cm正方形＝織入圖案 22.5針×27段

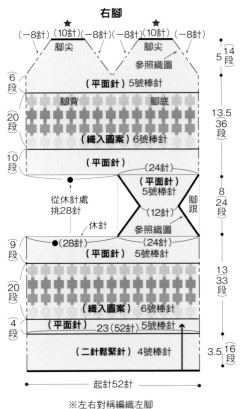

右腳
(−8針)（10針）(−8針)　(−8針)（10針）(−8針)
　　★　　　　　　　★

腳尖　　　　　　　腳尖
　　　　　　　　　參照織圖

6段　（平面針）5號棒針

腳背　　　　　腳底
20段　（織入圖案）6號棒針

10段　（平面針）

　　　　　（24針）
　　　　（平面針）
　　　　5號棒針　　腳跟
　　　　（12針）
　　　　參照織圖

從休針處　　（28針）　（24針）
挑28針　（平面針）5號棒針
9段　休針
20段　（織入圖案）6號棒針

4段　（平面針）23(52針)5號棒針
3.5（二針鬆緊針）4號棒針

└────起針52針────┘

※左右對稱編織左腳

完成圖

腳尖（★）作平面針併縫

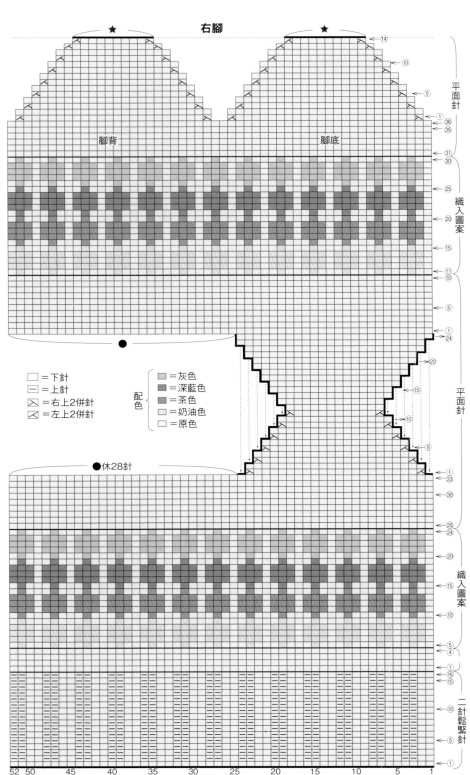

右腳

腳背　　　　　　　腳底

配色
□＝下針
⊟＝上針
⊠＝右上2併針
⊿＝左上2併針

　＝灰色
　＝深藍色
　＝茶色
　＝奶油色
□＝原色

●休28針

❀ 材料

Hamanaka　Fair Lady 50
原色（46）75g・奶油色（95）6g
茶色（39）6g・深藍色（28）6g
灰色（49）6g
棒針（5支短棒針）6號・5號・4號
段數環12個
毛線針・防解別針

❀ 編織重點

● 手指掛線起針52針，作輪編，以二針鬆緊針編織16段。
● 改換針號後編織4段平面針，橫向渡線進行織入圖案20段，再織9段平面針。
● 編織腳跟部分時，腳背側的28針休針，其餘針目以平面針的往復編減針編織12段，再從減針針目挑針編織12段。
● 回到輪編，製作腳背腳底部分，織10段平面針後，改針號編織20段織入圖案、平面針6段，腳尖部分則減針編織14段。
● 最終段針目（★）作平面針併縫接合。
● 對稱編織左腳。

起針

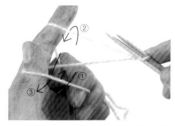

01 使用2支4號棒針，取原色線以「手指掛線起針」（參照P.7・P.83）開始編織。

02 起針52針的模樣。完成第1段。

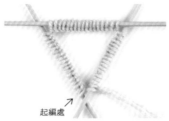

起編處

03 抽掉1支棒針，將針目平均分至3支棒針上。此時要注意針目是否有扭曲。

編織二針鬆緊針

□ 下針

04 編織時要注意，起針的最後1針與第2段的起編針目間不要有空隙，第2段的第1針與第2針都織下針。

05 完成2針下針。

─ 上針

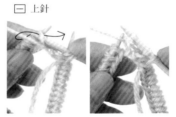

06 接著織2針上針。

07 完成2針上針的模樣。

08 重複編織2針下針、2針上針，完成第2段。

編織織入圖案

09 至第16段為止都是重複編織2針下針、2針上針，圖為16段的二針鬆緊針。

10 改換5號棒針，織4段平面針。

11 從第5段開始織入配色線。先改換6號棒針，以底色線（原色）織2針。 織入圖案皆以下針編織。

配色線
底色線

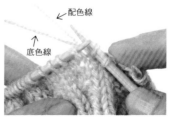

12 準備配色線（奶油色），左手食指掛2條線。此時，底色線在下，配色線在上，編織時不改變持線順序。

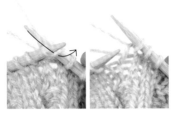

13 以奶油色織1針下針。

14 重複編織原色3針、奶油色1針，依織圖編織至第5段。

15 一邊編織一邊確認背面渡線長度與針目寬度相同。

16 第6段重複編織原色線1針、奶油色線3針，接著繼續依織圖編織。

17 編至第9段時，奶油色線留下約10公分後剪線，第10段開始以原色線與茶色線編織織入圖案。

18 依織圖編織至第14段為止，皆以原色線與茶色線作織入圖案。

19 以相同作法編織深藍色、灰色，第25段改換5號棒針，以原色線編織9段平面針至第33段的模樣。

20 編至第33段時，將第25針至第52針的28針移到防解別針作休針。

編織腳跟 ※為了讓解說更清晰易懂，此處使用不同色線示範。

 左上2併針

21 以往復編編織腳跟。首先從左側穿入棒針上最前面的2針，織下針。

22 依圖示在左上2併針的針目穿入段數環。

 右上2併針

23 繼續編織20針下針，最後的2針織右上2併針。第1針不織，直接移到右棒針。

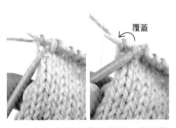 覆蓋

24 下一個針目織上針後，將左棒針穿入步驟23不編織的移動針目，套住剛織好的針目。

25 完成右上2併針。

26 依圖示在右上2併針的針目穿入段數環。完成腳跟的第一段。

27 織完第1段後將織片翻至背面，第2段織上針。

28 完成1針上針。

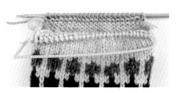

29 看著織片背面，全部的針目都織上針，完成第2段的模樣。

30 第3段與第1段一樣，翻回正面，起點織左上2併針，在併針的針目穿入段數環。

31 終點也與第1段一樣，織右上2併針，在併針的針目穿入段數環。

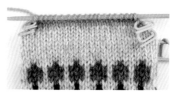

32 完成第3段。

33 以相同作法編織至第12段，完成一半腳跟的模樣。兩側各鉤上6個段數環。

34 第13段織12針下針。棒針穿入第11段段數環的針目。

35 依箭頭指示在挑針針目入針。

36 織下針。完成第13段的第13針。

37 完成第13針。

38 接下來，看著背面織第14段的13針上針，棒針穿入第11段段數環的針目。

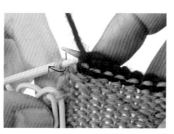

39 棒針依箭頭指示從外側穿入挑針針目。

40 織上針。完成第14段的第14針。

41 完成第14段的模樣。

42 以相同作法在2側針目挑針，編織至第24段。完成腳跟。

43 將步驟20的休針針目移至棒針上，再次以輪編進行編織。

44 1至10段、31至36段皆以5號棒針作平面針，11至30段則改以6號棒針作織入圖案，以不加減針的輪編編織36段。

編織腳尖

☒ 右上2併針

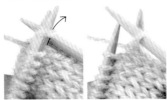

45 以右上2併針與左上2併針進行減針,編織腳尖。第1針不編織,直接移至右棒針上。

覆蓋

46 第2針織下針。左棒針穿入第1針不織的移動針目,套在第2針上。

47 完成右上2併針,減1針。

☒ 左上2併針

48 織22針下針,接著棒針從左邊穿入最後2針,2針一起織下針。

49 完成左上2併針,減1針。

50 依織圖以相同作法減針。編至腳尖的第14段。

平面針併縫 ※為了更清晰易懂,此處使用不同色線示範。

51 留下20cm線段後剪線,線頭穿入毛線針,縫針穿入內側端目與外側端目後拉線。

52 縫針穿入內側的第1針與第2針後拉線。(1針目穿針2次)

53 縫針接著穿入外側的2針目,這時第1針要如圖從外側入針。

54 第2針則從內往外穿針後拉線。

55 重複步驟52至54。由於併縫線的形狀與平面針相同,因此針目大小要與編織針目相同。

56 完成平面針併縫。

收針藏線

57 最後的織線穿至背面。

58 織線穿入背面的針目中藏線,注意不要影響到正面。穿過6至7針後,再回穿3至4針,線頭就不容易鬆開。

59 起針線頭穿過最初的起編針目後拉線,消去高低差。

60 線頭在背面縱向穿入針目中藏線。

松鼠併指手套

photo P.15

❖ 材料

Hamanaka　Aran Tweed　原色（1）40g・
茶色（8）30g　棒針（5支短棒針）7號・6號

❖ 完成尺寸

手掌圍21cm　長24cm

❖ 密度

10cm正方形＝織入圖案 21針×24.5段

❖ 編織重點

- 左手手套，手指掛線起針38針，作輪編，依配色編織15段一針鬆緊針。
- 改換針號，在第1段加6針，橫向渡線進行織入圖案。
- 以別線編織拇指位置針目，再將針目移至左棒針上，在別線上繼續進行織入圖案。
- 指尖處依織圖一邊減針一邊編織9段，最終段針目穿線2圈後收緊。
- 分別以2支棒針挑拇指處的上、下針目，解開別線。接線後在兩端各挑一針渡線作扭加針，以14針作輪編。最終段作減針，針目穿線2圈後收緊。
- 參考右手織圖，以相同織法編織左手手套。

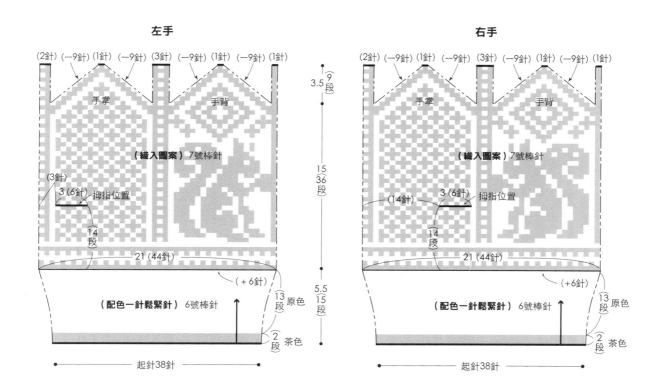

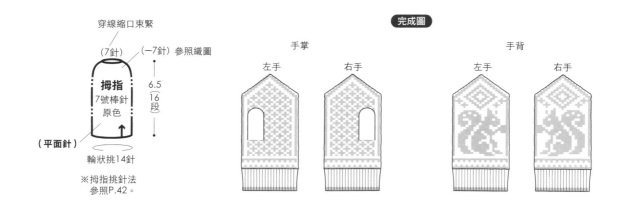

49

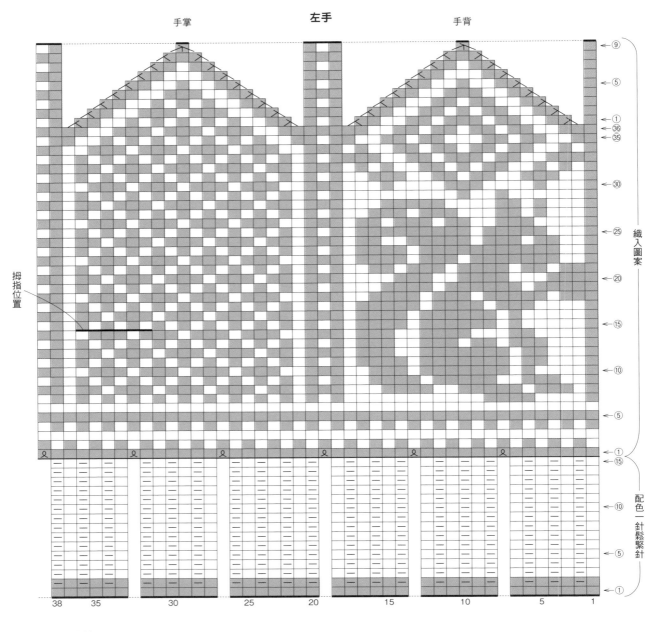

左手

手掌　　　　　　　　　　手背

織入圖案

配色一針鬆緊針

拇指位置

38　　35　　　　30　　　　25　　20　　　　15　　　　10　　　5　　1

□ =下針
− =上針
⅄ =扭加針
⊼ =右上2併針
⊿ =左上2併針
⋏ =右上3併針

配色 { □ =原色
　　　 ▨ =茶色

拇指

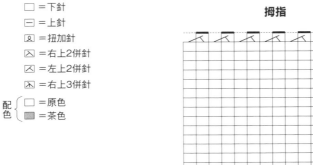

14　　10　　　5　　　1

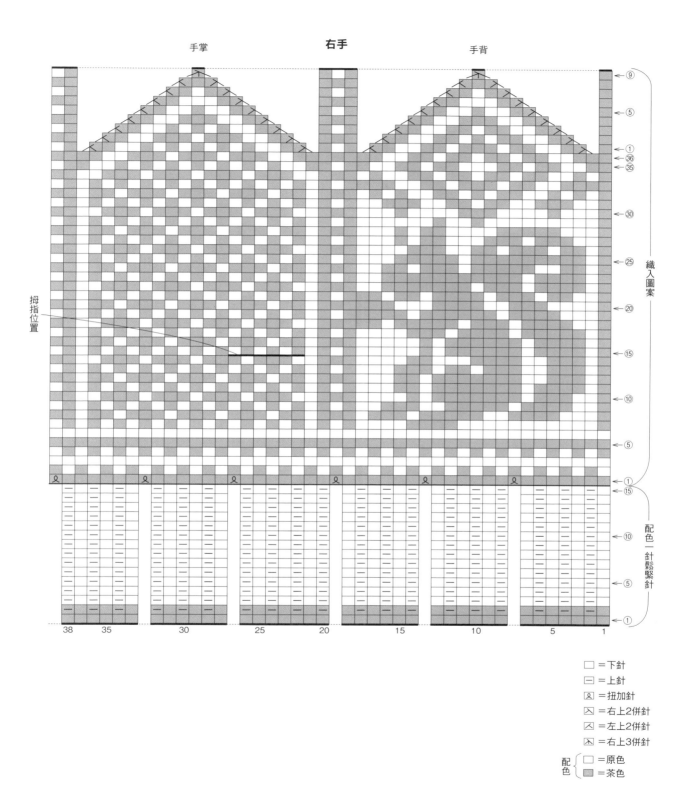

手掌　　　　　**右手**　　　　手背

拇指位置

織入圖案

配色一針鬆緊針

38　　35　　　30　　　25　　　20　　　15　　　10　　　5　　1

□ ＝下針
一 ＝上針
Ω ＝扭加針
� ＝右上2併針
ᐟ ＝左上2併針
ⵜ ＝右上3併針

配色 { □ ＝原色
　　　 ▨ ＝茶色

51

基本款併指手套

photo P.4

❖ 材料

　Hamanaka　Warmmy　藍色（9）48g・杏色（2）20g

　棒針（5支短棒針）8號・6號

❖ 完成尺寸

　手掌圍21cm　長25.5cm

❖ 密度

　10cm正方形＝織入圖案 20針×23段

❖ 編織重點

● 手指掛線起針42針，作輪編，編織19段一針鬆緊針。

● 改換針號，橫向渡線進行織入圖案。

● 以別線編織拇指位置針目，再將針目移至左棒針上，在別線上繼續進行織入圖案（左、右手依織圖更改位置編織）。

● 指尖處依織圖編織減針，最終段針目穿線2圈後收緊。

● 分別以2支棒針挑拇指處的上、下針目，解開別線。接線後在兩端各挑一針渡線作扭加針，以14針作輪編。最終段作減針，針目穿線2圈後收緊。

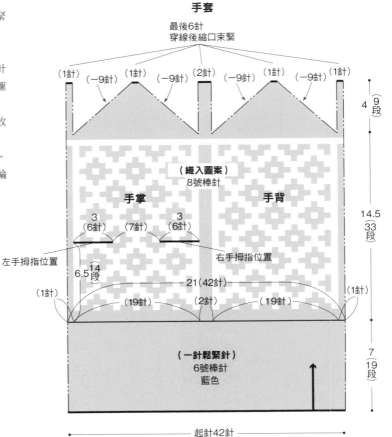

手套

最後6針
穿線後縮口束緊

（1針）（－9針）（1針）（－9針）（2針）（－9針）（1針）（－9針）（1針）

4（9段）

（織入圖案）
8號棒針

手掌　　　　**手背**

3（6針）（7針）3（6針）

左手拇指位置　　　右手拇指位置

14.5（33段）

6.5（14段）

21（42針）

（1針）　　　（19針）（2針）（19針）　　　（1針）

（一針鬆緊針）
6號棒針
藍色

7（19段）

起針42針

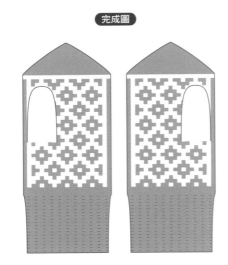

完成圖

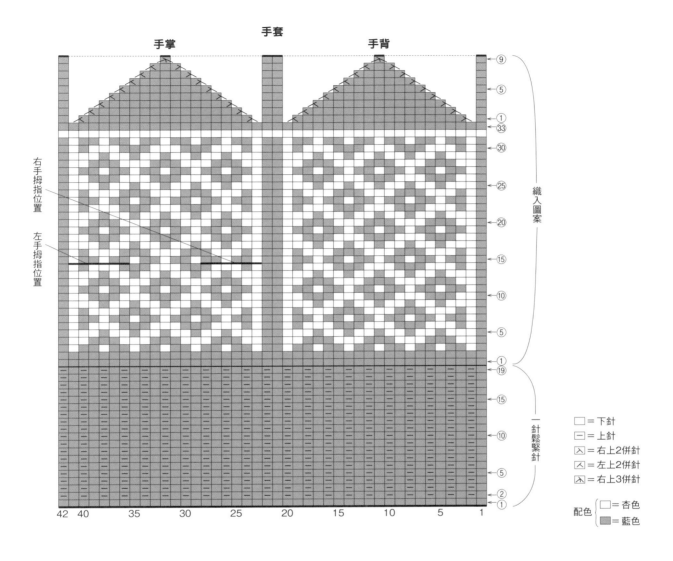

手套

手掌   手背

右手拇指位置

左手拇指位置

織入圖案

一針鬆緊針

□ = 下針
─ = 上針
Ⓚ = 右上2併針
Ⓚ = 左上2併針
Ⓚ = 右上3併針

配色 ⎛ □ = 杏色
⎝ ▨ = 藍色

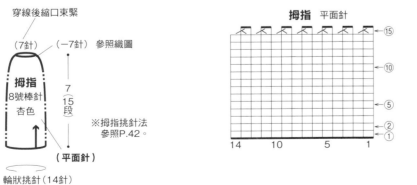

穿線後縮口束緊

（7針）（-7針）參照織圖

拇指
8號棒針
杏色

7
（15
段）

※拇指挑針法
參照P.42。

（平面針）

輪狀挑針（14針）

拇指 平面針

53

傳統圖案帽子

photo P.12,13

❖ 材料

Hamanaka　Mens Club Master　淺灰色（56）60g・
原色（27）20g

棒針（4支棒針）10號・8號

❖ 完成尺寸

頭圍56.5cm　高25cm

❖ 密度

10cm正方形＝織入圖案・平面針 17針×20段

❖ 編織重點

- 指手指掛線起針96針，作輪編，編織12段二針鬆緊
  針。
- 改換針號，橫向渡線進行織入圖案26段，一邊分散
  減針一邊編織14段平面針。
- 最終段針目每隔1針穿線1圈，第2圈再挑沒有穿線的
  針目，縮口束緊。

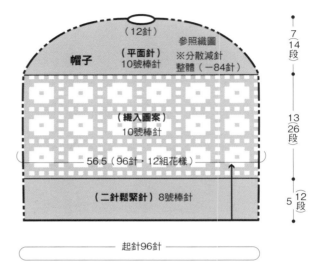

帽子

（平面針）
10號棒針

參照織圖
※分散減針
整體（－84針）

（12針）

（織入圖案）
10號棒針

56.5（96針・12組花樣）

（二針鬆緊針）8號棒針

起針96針

7
14
段

13
26
段

5
12
段

完成圖

最後12針
穿線後縮口束緊

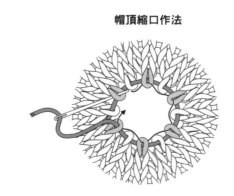

帽頂縮口作法

每隔1針穿線，
分成2次穿線後縮口束緊。

帽子

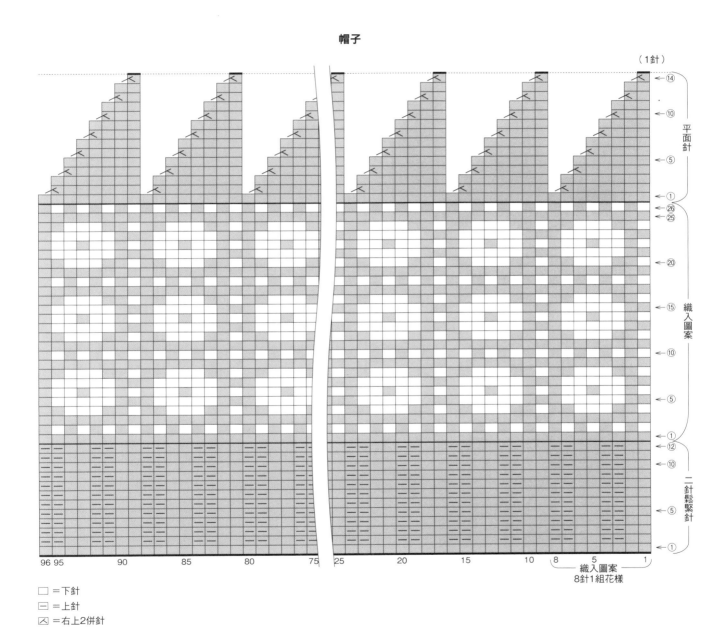

（1針）

←⑭

←⑩ 平
面
←⑤ 針

←①

←㉖
←㉕

←⑳

←⑮ 織
入
圖
案
←⑩

←⑤

←①
←⑫

←⑩

←⑤ 二
針
鬆
緊
←① 針

96 95　　　90　　　85　　　80　　　75　　25　　　20　　　15　　　10　8　5　1

織入圖案
8針1組花樣

□ ＝下針
─ ＝上針
⊼ ＝右上2併針
配　□ ＝原色
色　▨ ＝淺灰色

55

傳統圖案併指手套

photo P.12

❖ 材料

Hamanaka　Sonomono Tweed　原色（71）25g・
灰色（75）45g　棒針（5支短棒針）4號・3號

❖ 完成尺寸

手掌圍19cm　長26.5cm

❖ 密度

10cm正方形＝織入圖案 28針×30段

❖ 編織重點

● 手指掛線起針54針，作輪編，以一針鬆緊針編織27
　段條紋花樣。

● 改換針號，橫向渡線進行織入圖案與平面針。

● 以別線編織拇指位置針目，再將針目移至左棒針
　上，在別線上繼續進行織入圖案（左、右手依織圖
　更改位置編織）

● 指尖處依織圖減針，最終段針目穿線2圈後收緊。

● 分別以2支棒針挑拇指處的上、下針目，解開別線。
　接線後在兩端各挑一針渡線作扭加針，以18針作輪
　編。最終段作減針，針目穿線2圈後收緊。

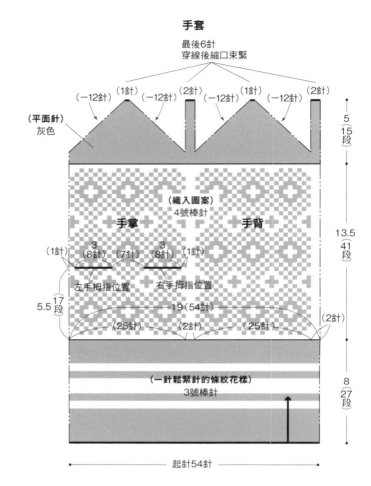

手套

最後6針
穿線後縮口束緊

（平面針）
灰色

（織入圖案）
4號棒針

手掌　　　手背

左手拇指位置　　右手拇指位置

（一針鬆緊針的條紋花樣）
3號棒針

起針54針

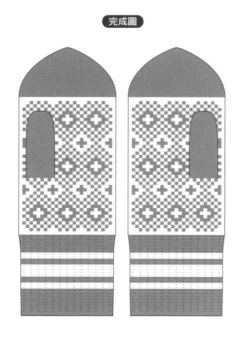

完成圖

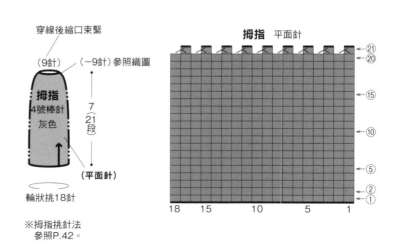

穿線後縮口束緊

（9針）　（－9針）參照織圖

拇指
4號棒針
灰色

（平面針）

輪狀挑18針

※拇指挑針法
　參照P.42。

拇指　平面針

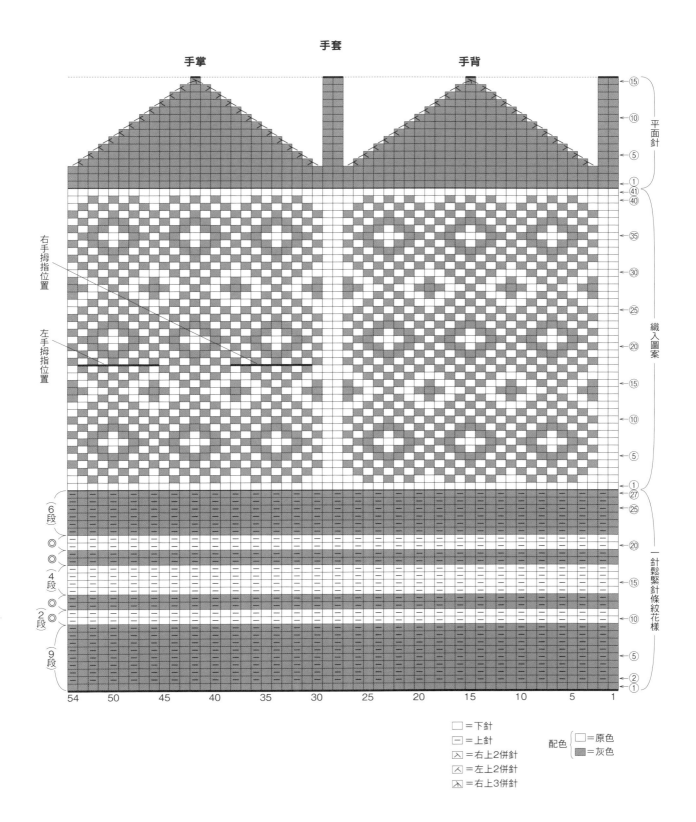

手套

手掌　　　　　　　　　　　　　手背

右手拇指位置

左手拇指位置

平面針

織入圖案

一針鬆緊針條紋花樣

⑥段

④段

②段

⑨段

54　　50　　45　　40　　35　　30　　25　　20　　15　　10　　5　　1

□＝下針
－＝上針
⋏＝右上2併針
⋌＝左上2併針
⋏＝右上3併針

配色　□＝原色
　　　■＝灰色

57

花朵併指手套

photo P.14

❖ 材料

Hamanaka　Fair Lady 50

炭灰色（72）56g・黃色（98）18g

棒針（5支短棒針）5號・4號

❖ 完成尺寸

手掌圍21cm　長27cm

❖ 密度

10cm正方形＝織入圖案 24針×26段

❖ 編織重點

- 手指掛線起針44針，作輪編，編織24段二針鬆緊針。
- 改換針號，在第1段加6針，橫向渡線進行織入圖案。
- 以別線編織拇指位置針目，再將針目移至左棒針上，在別線上繼續進行織入圖案（左、右手依織圖更改位置編織）。
- 指尖處依織圖編織減針，最終段針目穿線2圈後收緊。
- 分別以2支棒針挑拇指處的上、下針目，解開別線。接線後在兩端各挑一針渡線作扭加針，以16針作輪編。最終段作減針，針目穿線2圈後收緊。

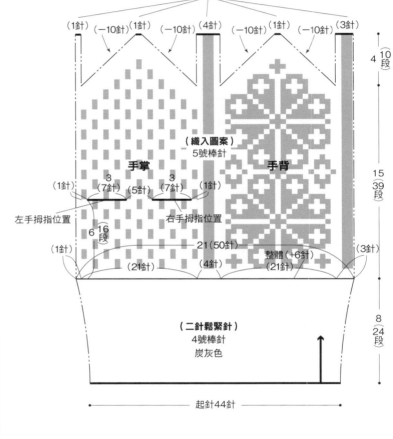

手套

最後10針
穿線後縮口束緊

（1針）（−10針）（1針）（−10針）（4針）（−10針）（1針）（−10針）（3針）

4 $\binom{10}{段}$

（織入圖案）
5號棒針

手掌　　　**手背**

（1針）
3（7針）（5針）3（7針）（1針）

左手拇指位置　　右手拇指位置

6 $\binom{16}{段}$

15 $\binom{39}{段}$

（1針）　　21（50針）
（21針）　　（4針）　整體（+6針）（3針）
（21針）

（二針鬆緊針）
4號棒針
炭灰色

8 $\binom{24}{段}$

起針44針

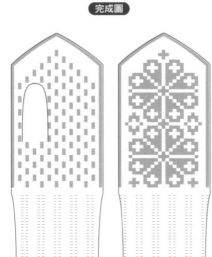

完成圖

58

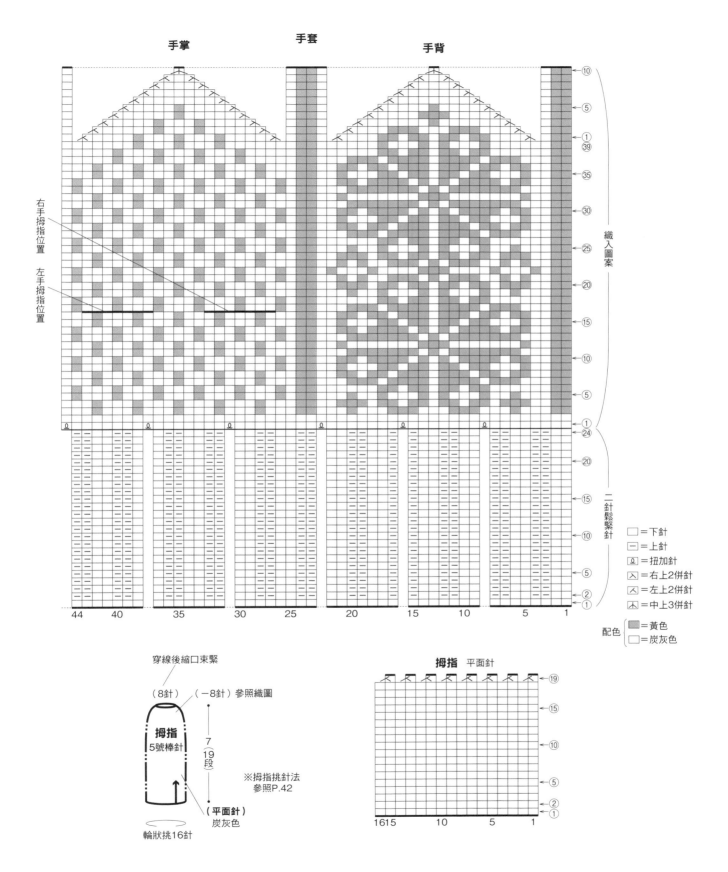

手掌　　　手套　　　手背

右手拇指位置

左手拇指位置

織入圖案

二針鬆緊針

□＝下針
─＝上針
Ω＝扭加針
人＝右上2併針
人＝左上2併針
人＝中上3併針

配色 ▨＝黃色
□＝炭灰色

穿線後縮口束緊

（8針）　（－8針）參照織圖

拇指
5號棒針

7
（19
段）

（平面針）
炭灰色

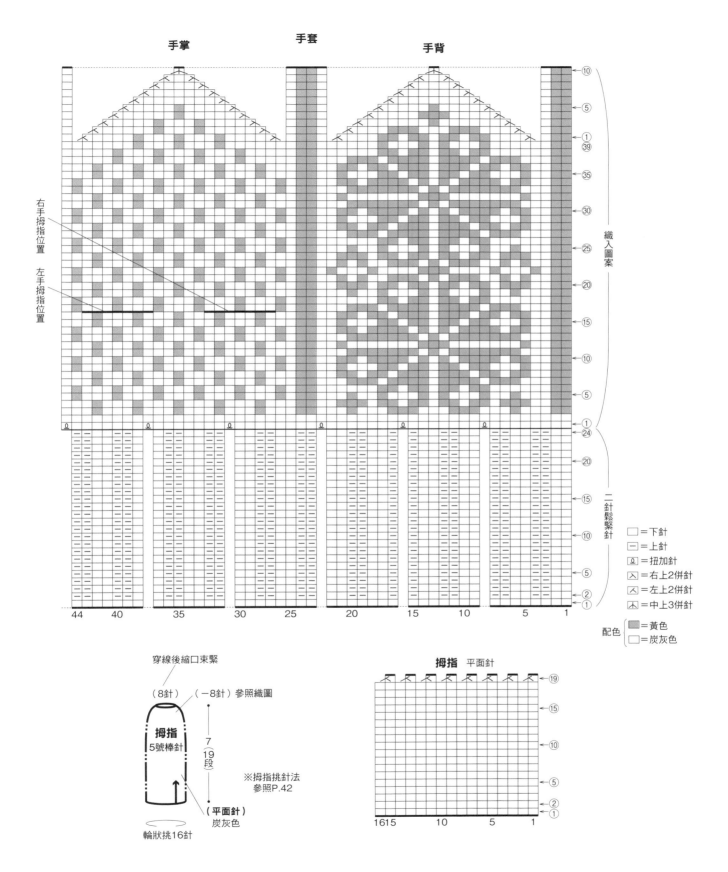

※拇指挑針法
參照P.42

拇指　平面針

輪狀挑16針

幾何圖案腕套

photo P.19

❖ 材料

　Hamanaka　Fair Lady 50　原色（46）35g·
　黑色（50）20g　棒針（5支短棒針）5號·4號

❖ 完成尺寸

　手掌圍20cm　長19.5cm

❖ 密度

　10cm正方形＝織入圖案 24針×27段

❖ 編織重點

● 手指掛線起針44針，作輪編，以一針鬆緊針編織24段條紋花樣。

● 改換針號，在第1段加4針，橫向渡線進行織入圖案。

● 以別線編織拇指位置針目，再將針目移至左棒針上，在別線上繼續進行織入圖案（左、右手依織圖更改位置編織）。

● 改換針號，編織6段一針鬆緊針後，作套收針。

● 分別以2支棒針挑拇指處的上、下針目，解開別線。接線後在兩端各挑一針渡線作扭加針，以16針作輪編，編織8段後作套收針。

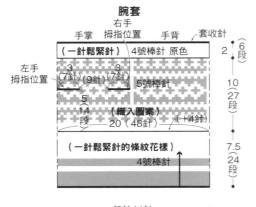

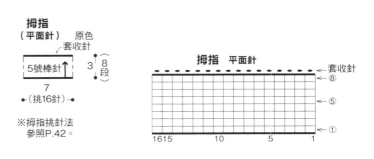

※拇指挑針法
參照P.42。

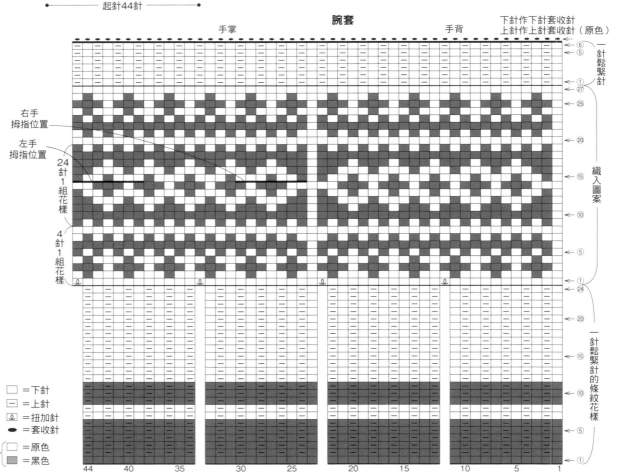

配色　□＝原色
　　　▨＝黑色

□＝下針
－＝上針
ℚ＝扭加針
●＝套收針

幾何圖案髮帶

photo P.18

❊ 材料

Hamanaka　Fair Lady 50　原色（46）28g・

黑色（50）18g　棒針（4支棒針或40cm輪針）5號

❊ 完成尺寸

頭圍52cm　寬13cm

❊ 密度

10cm正方形＝織入圖案 24針×27段

❊ 編織重點

● 手指掛線起針124針，作輪編，編織4段一針鬆緊針。

● 橫向渡線編織27段織入圖案。

● 接著編織4段一針鬆緊針。

● 收針時與最終段針目作相同的套收針。

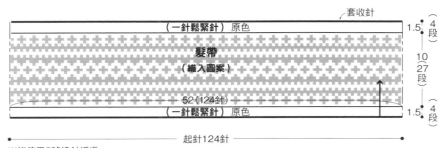

※皆使用5號棒針編織。

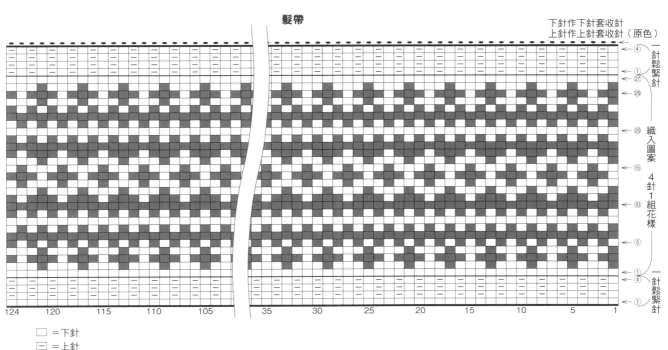

配色 ＝黑色
　　 ＝原色

三角圖案貝蕾帽

photo P.20,21

❖ 材料

Hamanaka　Fair Lady 50　灰色（49）50g・深藍色
（28）・水藍色（80）・紅色（21）・奶油色（95）
各15g　棒針（4支棒針）6號・5號・4號

❖ 完成尺寸

頭圍59cm　深20.5cm

❖ 密度

10cm正方形＝織入圖案 23針×27段
10cm正方形＝平面針 23針×28段

❖ 編織重點

● 手指掛線起針128針，作輪編，編織10段一針鬆緊針。
● 改換針號，加8針後編織4段平面針。
● 改換針號，橫向渡線編織12段織入圖案。
● 改換針號，一邊分散減針一邊編織32段平面針。
● 不加減針以輪編編織5段。最終段針目穿線2圈後收緊。

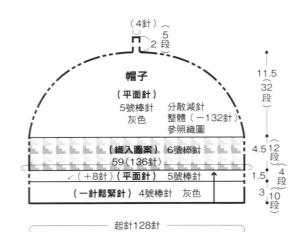

□ ＝下針
⊢ ＝上針
⟋ ＝左上2併針
⨀ ＝扭加針

配色
　▨ ＝奶油色
　▨ ＝紅色
　▨ ＝水藍色
　▨ ＝深藍色
　□ ＝灰色

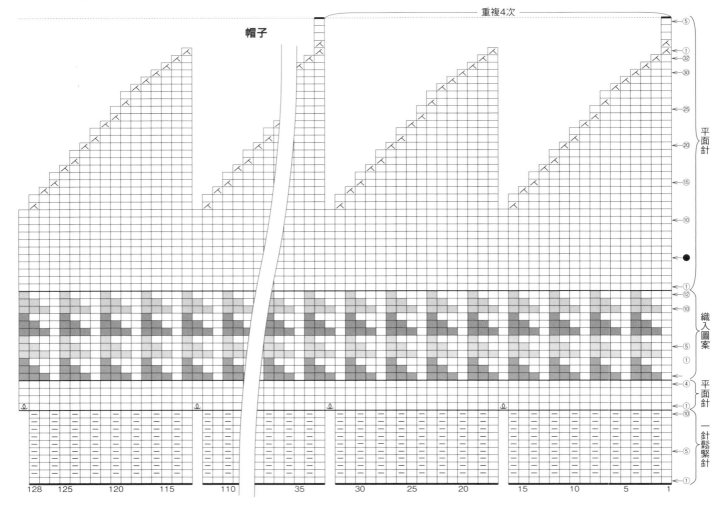

帽子

重複4次

三角圖案腕套

photo P.20・21

❖ 材料

Hamanaka　Fair Lady 50　灰色（49）38g・

深藍色（28）・水藍色（80）・紅色（21）・

奶油色（95）各4g

棒針（5支短棒針）5號・4號

❖ 完成尺寸

手掌圍20cm　長19.5cm

❖ 密度

10cm正方形＝織入圖案 24針×27段

❖ 編織重點

● 手指掛線起針44針，作輪編，編織24段一針鬆緊針。

● 改換針號，在第1段加4針，橫向渡線進行織入圖案。

● 以別線編織拇指位置針目，再將針目移至左棒針上，在別線上繼續進行織入圖案（左、右手依織圖更改位置編織）。

● 改換針號，以一針鬆緊針編織6段後作套收針。

● 分別以2支棒針挑拇指處的上、下針目，解開別線。接線後在兩端各挑一針渡線作扭加針，以16針作輪編，編織8段後作套收針。

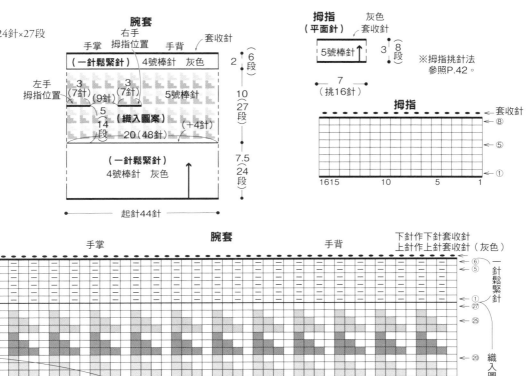

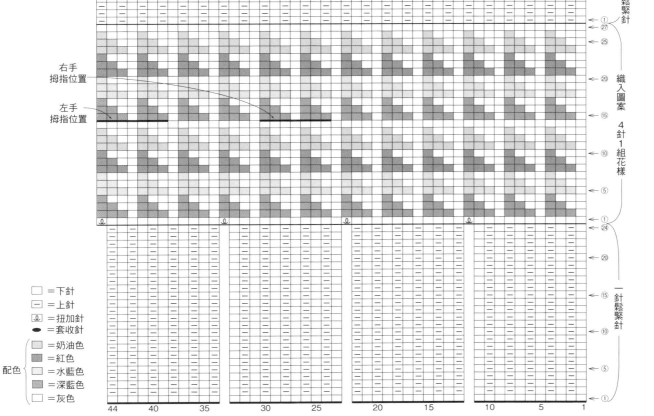

配色

　□＝下針

　－＝上針

　⚇＝扭加針

　●＝套收針

　　＝奶油色

　　＝紅色

　　＝水藍色

　　＝深藍色

　　＝灰色

63

玩色毛球帽
photo P.22・23

❈ 材料

P.22・配色1…Hamanaka　Mens Club Master
深藍色（23）85g・紅色（42）20g・水藍色（54）10g
棒針（4支棒針）10號・8號
P.23・配色2…Hamanaka　Mens Club Master
原色（27）85g・深藍色（23）30g
棒針（4支棒針）10號・8號

❈ 完成尺寸

頭圍52cm　高24cm

❈ 密度

10cm正方形＝織入圖案 17針×20段

❈ 編織重點

● 手指掛線起針88針開始編織帽子，以輪編編織34段
二針鬆緊針。
● 改換針號，橫向渡線編織28段織入圖案，再分散減
針編織6段。
● 帽頂的最終段針目，每隔1針穿線1圈，第2圈再挑沒
有穿線的針目，縮口束緊。
● 依圖示製作裝飾毛球，完成後接縫於帽頂。

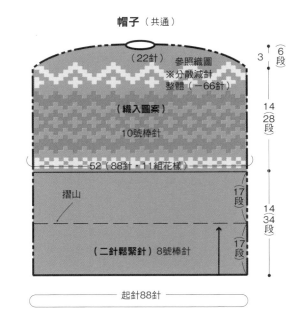

帽子（共通）

（22針）參照織圖
※分散減針
整體（－66針）　3｜（6段）

（織入圖案）
10號棒針　14｜（28段）

52（88針・11組花樣）

摺山

17段　14｜（34段）

（二針鬆緊針）8號棒針　17段

起針88針

完成圖

配色1　配色2

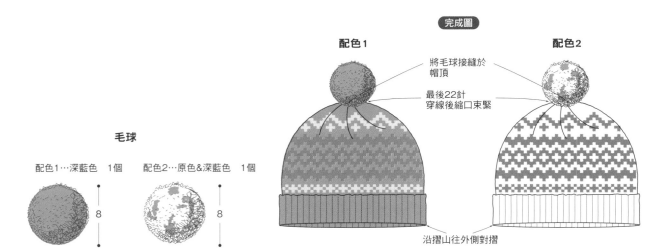

將毛球接縫於帽頂
最後22針穿線後縮口束緊
沿摺山往外側對摺

毛球

配色1…深藍色　1個　　配色2…原色&深藍色　1個

8　8

毛球作法

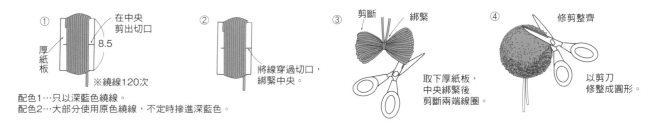

① 在中央剪出切口
厚紙板　8.5
※繞線120次
配色1…只以深藍色繞線。
配色2…大部分使用原色繞線，不定時摻進深藍色。

② 將線穿過切口，綁緊中央。

③ 剪斷　綁緊
取下厚紙板，中央綁緊後剪斷兩端線圈。

④ 修剪整齊
以剪刀修整成圓形。

帽子　配色1

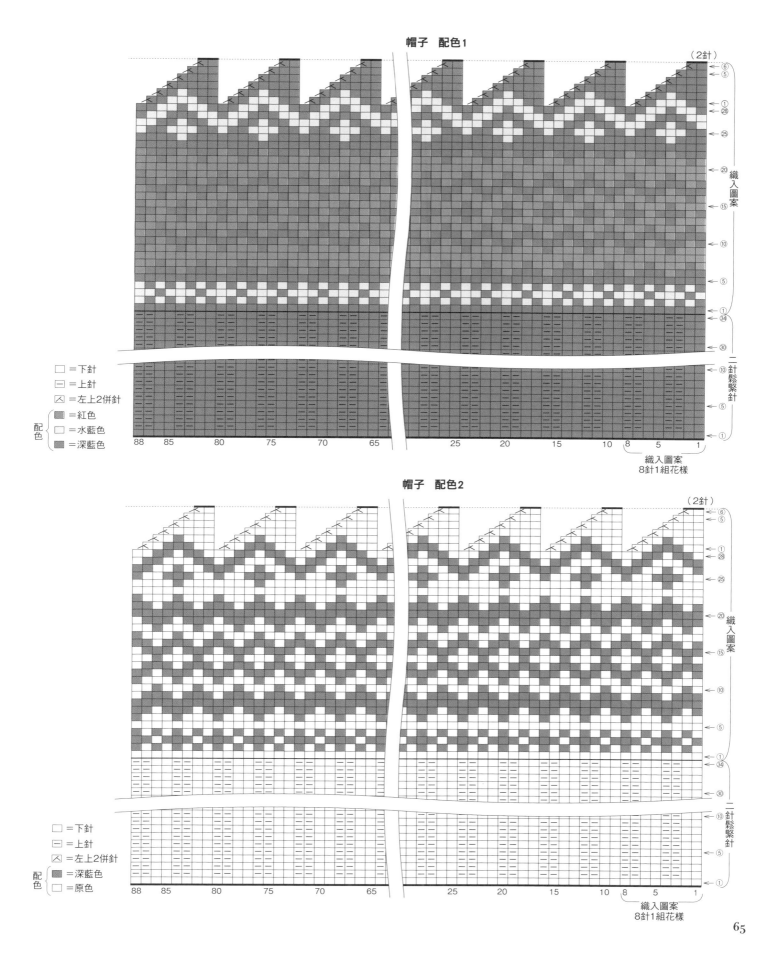

（2針）

□ ＝下針
－ ＝上針
⊠ ＝左上2併針
配色 { ■ ＝紅色
　　 □ ＝水藍色
　　 ■ ＝深藍色

88　85　　80　　75　　70　　65　　　　　25　　20　　15　　10　8　5　1

織入圖案
8針1組花樣

織入圖案

二針鬆緊針

帽子　配色2

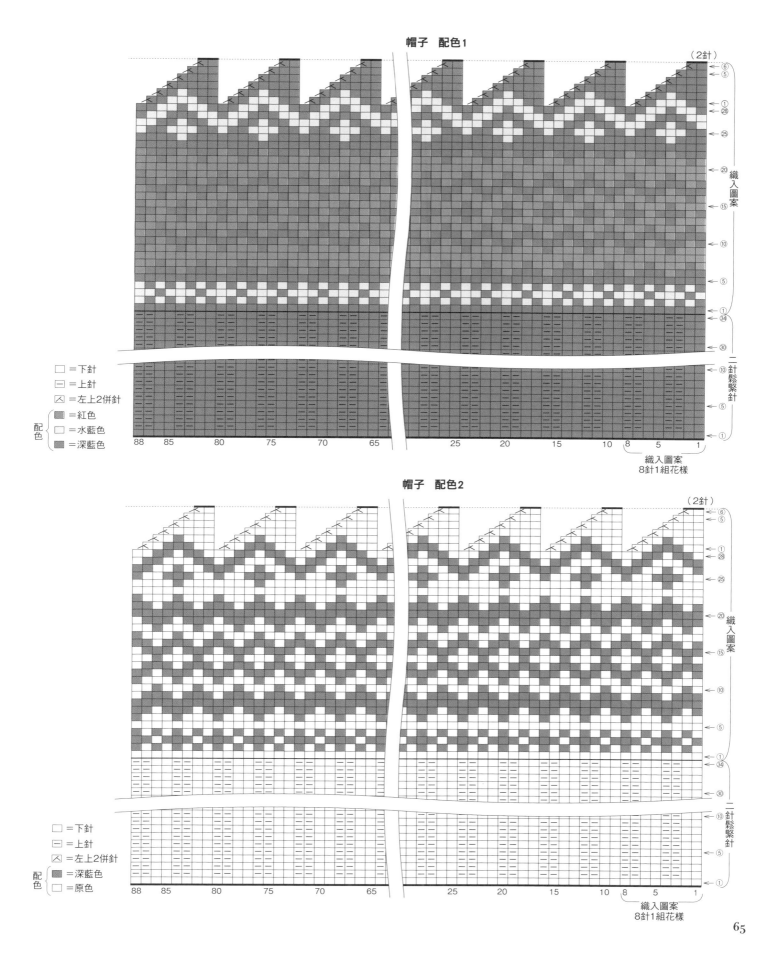

（2針）

□ ＝下針
－ ＝上針
⊠ ＝左上2併針
配色 { ■ ＝深藍色
　　 □ ＝原色

88　85　　80　　75　　70　　65　　　　　25　　20　　15　　10　8　5　1

織入圖案
8針1組花樣

織入圖案

二針鬆緊針

65

鑽石圖案脖圍

photo P.24

❋ 材料

Hamanaka　Aran Tweed　原色（1）35g・
芥末黃（7）20g・黑色（12）12g
棒針（4支棒針或40cm輪針）10號

❋ 完成尺寸

脖圍周長58.5cm　寬17cm

❋ 密度

10cm正方形＝織入圖案 19.5針×23.5段

❋ 編織重點

● 手指掛線起針114針，作輪編，以一針鬆緊針編織4段。

● 橫向渡線編織33段織入圖案。

● 接著編織3段一針鬆緊針。

● 收針時的套收針織法與最終段針目相同。

※皆使用10號棒針編織。

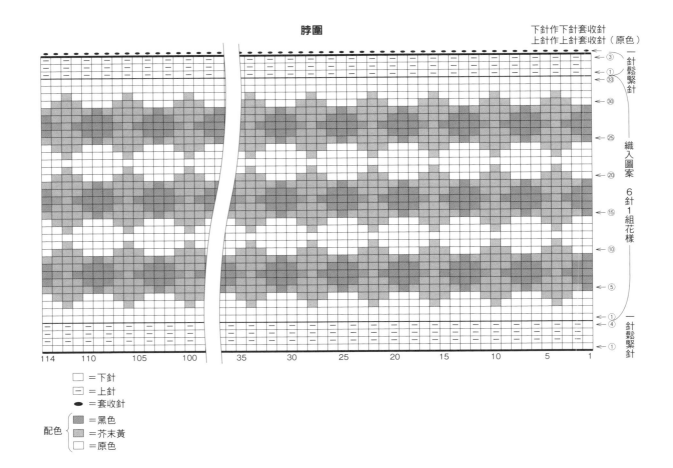

□＝下針

－＝上針

●＝套收針

配色

■＝黑色

▨＝芥末黃

□＝原色

森林併指手套

photo P.16・17

❖ 材料

Hamanaka　Sonomono〈合太〉　原色（1）38g・
茶色（3）30g　直徑1.3cm茶色鈕釦2個
棒針（5支短棒針）5號・4號

❖ 完成尺寸

手掌圍20cm　長24.5cm

❖ 密度

10cm正方形＝織入圖案 28針×30段

❖ 編織重點

● 手指掛線起針56針，作輪編，編織20段一針鬆緊針。依織圖編織釦眼。

● 改換針號，橫向渡線進行織入圖案。

● 以別線編織拇指位置針目，再將針目移至左棒針上，在別線上繼續進行織入圖案（左、右手依織圖更改位置編織）。

● 指尖處依織圖編織減針，最終段針目穿線2圈後收緊。

● 分別以2支棒針挑拇指處的上、下針目，解開別線。接線後在兩端各挑一針渡線作扭加針，以18針作輪編。最終段作減針，針目穿線2圈後收緊。

● 手指掛線起針13針，以一針鬆緊針編織裝飾釦帶，依織圖編織釦眼。收針時的套收針織法與最終段針目相同。

● 將裝飾釦帶與鈕釦縫在手套上。

組合圍巾

❖ 材料

Hamanaka　Sonomono〈合太〉　原色（1）140g
直徑1.3cm白色鈕釦4個
棒針（2支棒針）5號・10號

❖ 完成尺寸

寬11cm　長129cm

❖ 密度

10cm正方形＝織入圖案27.5針×25.5段

❖ 編織重點

※取2條線編織。

● 手指掛線起針27針，以一針鬆緊針編織24段。改換針號，在第1段加3針，編織花樣編。

● 編織288段後改換針號，減3針後織一針鬆緊針。收針時的套收針織法與最終段針目相同。

● 依圖示位置縫上鈕釦。

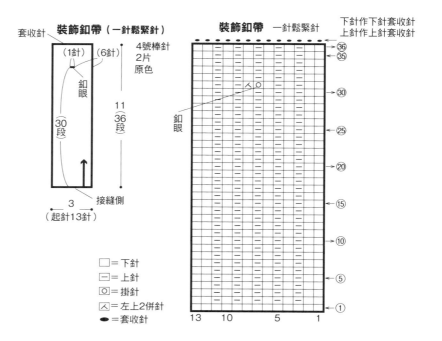

□＝下針
－＝上針
○＝掛針
╱╲＝左上2併針
●＝套收針

67

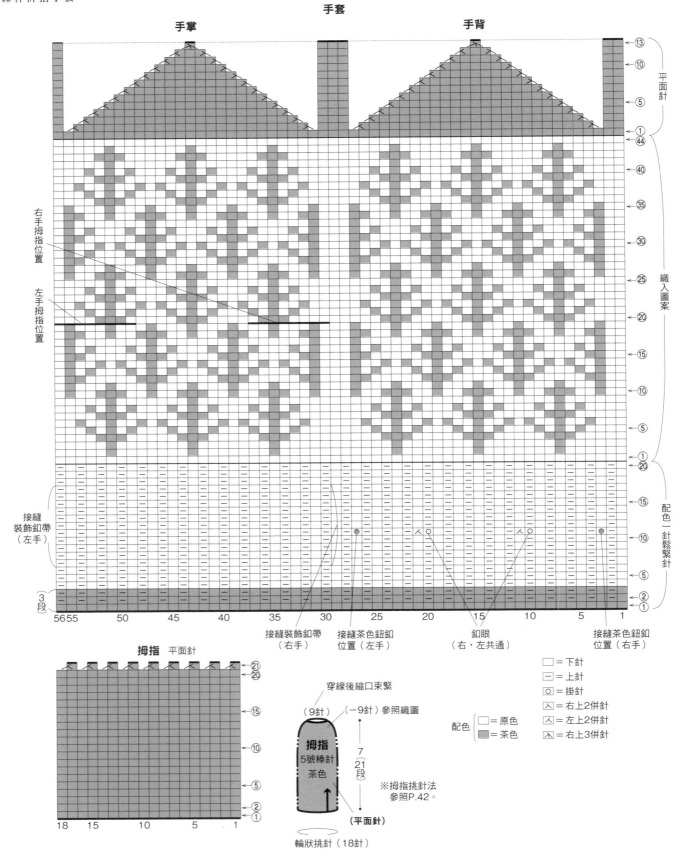

手套

手掌 **手背**

右手拇指位置

左手拇指位置

平面針

織入圖案

配色一針鬆緊針

接縫裝飾釦帶（左手）

3段

56 55   50   45   40   35   30   25   20   15   10   5   1

接縫裝飾釦帶（右手）

接縫茶色鈕釦位置（左手）

釦眼（右・左共通）

接縫茶色鈕釦位置（右手）

拇指 平面針

18   15   10   5   1

穿線後縮口束緊

（9針） （−9針）參照織圖

拇指
5號棒針
茶色

7
21
段

（平面針）

※拇指挑針法參照P.42。

輪狀挑針（18針）

□ = 下針
− = 上針
○ = 掛針
⋋ = 右上2併針
⋌ = 左上2併針
⋏ = 右上3併針

配色 ┌ □ = 原色
      └ ▨ = 茶色

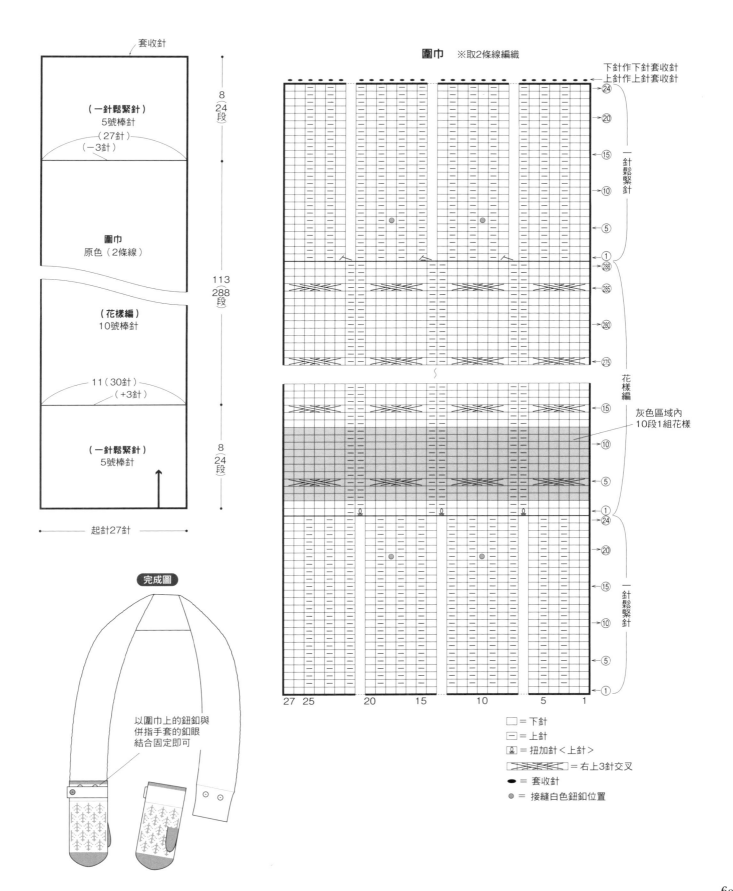

套收針

（一針鬆緊針）
5號棒針
（27針）
（－3針）

8
(24段)

圍巾
原色（2條線）

113
(288段)

（花樣編）
10號棒針

11（30針）
（+3針）

（一針鬆緊針）
5號棒針

8
(24段)

起針27針

完成圖

以圍巾上的鈕釦與
併指手套的釦眼
結合固定即可

圍巾　※取2條線編織

下針作下針套收針
上針作上針套收針

24
20
15
10
5
1

一針鬆緊針

288
285
280
275

15
10
5
1

花樣編

灰色區域內
10段1組花樣

24
20
15
10
5
1

一針鬆緊針

27 25　　20　　15　　10　　5　　1

□＝下針
－＝上針
♉＝扭加針＜上針＞
▨▨▨▨＝右上3針交叉
●＝套收針
●＝接縫白色鈕釦位置

兒童海軍帽

photo P.26

❖ 材料

Hamanaka　Mens Club Master

原色（27）44g・紅色（42）10g・藍色（62）10g

棒針（4支棒針）10號・8號

❖ 完成尺寸

頭圍44.5cm　高19cm

❖ 密度

10cm正方形＝織入圖案 18針×23段

❖ 編織重點

● 手指掛線起針80針，作輪編，編織10段二針鬆緊針。

● 改換針號進行織入圖案，第16段開始編織平面針的條紋花樣，依織圖進行分散減針。

● 帽頂的最終段針目，每隔1針穿線1圈，第2圈再挑沒有穿線的針目，縮口束緊。

● 依圖示製作裝飾毛球，完成後接縫於帽頂。

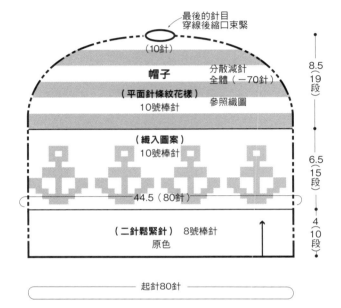

最後的針目
穿線後縮口束緊
（10針）

帽子　分散減針
全體（－70針）

（平面針條紋花樣）
10號棒針　參照織圖

8.5（19段）

（織入圖案）
10號棒針

6.5（15段）

44.5（80針）

（二針鬆緊針）　8號棒針
原色

4（10段）

起針80針

完成圖

7

※將毛球固定於帽頂。

毛球作法

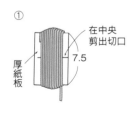

① 厚紙板　在中央剪出切口 7.5

在7.5cm寬的厚紙板上繞線100次
（大部分使用原色繞線，
不定時摻進紅色）。

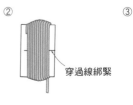

② 穿過線綁緊

將線穿過切口，
綁緊中央。

③ 剪斷　綁緊

取下厚紙板，
中央綁緊後剪斷兩端線圈。

④ 修剪整齊

以剪刀修整成圓形。

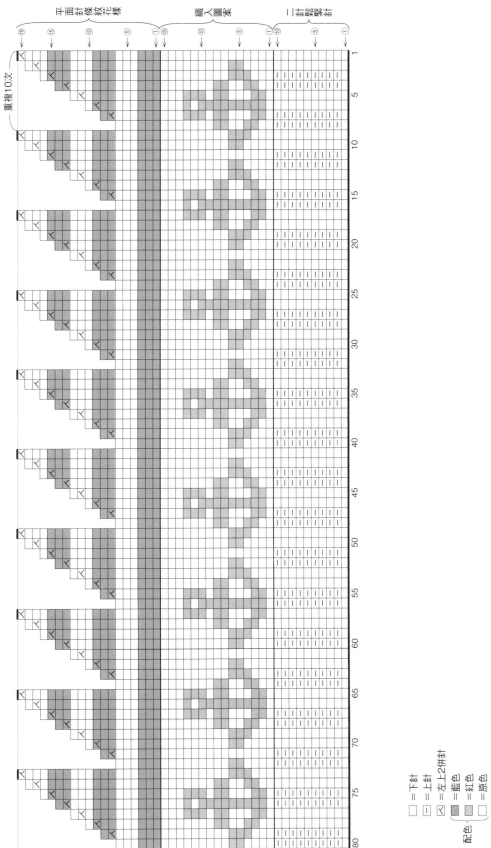

平面針條紋花樣　織入圖案　二針鬆緊針

重複10次

配色 ⎰ = 藍色
　　⎱ = 紅色
　　　 = 原色

□ = 下針
− = 上針
⊠ = 左上2併針

71

兒童併指手套

photo P.27

❖ 材料

Hamanaka Pombeans

橘色（8）18g・白色（2）14g・藍色（3）5g

棒針（5支短棒針）5號

❖ 完成尺寸

手掌圍17cm 長17.5cm

❖ 密度

10cm正方形＝織入圖案・平面針 24針×28段

❖ 編織重點

- 手指掛線起針34針，作輪編，編織13段一針鬆緊針。
- 接著在第1段加6針，橫向渡線進行織入圖案。以別線編織拇指位置針目，再將針目移至左棒針上，在別線上繼續進行織入圖案（左、右手依織圖更改位置編織）。
- 指尖處依織圖編織減針，最終段針目穿線2圈後收緊。
- 分別以2支棒針挑拇指處的上、下針目，解開別線。接線後在兩端各挑一針渡線作扭加針，以14針作輪編。最終段作減針，針目穿線2圈後收緊。

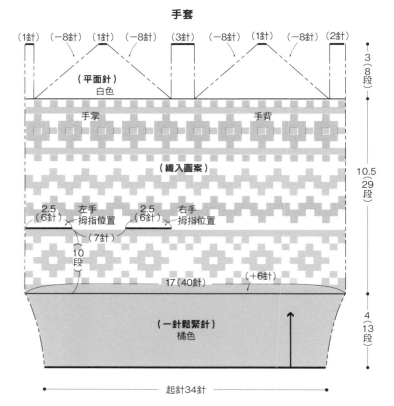

手套

（1針）（－8針）（1針）（－8針）（3針）（－8針）（1針）（－8針）（2針）

3
（8段）

（平面針）
白色

手掌　　　　　　手背

（織入圖案）

10.5
（29段）

2.5
（6針）左手
拇指位置

2.5
（6針）右手
拇指位置

（7針）

10段

17（40針）　　　（＋6針）

（一針鬆緊針）
橘色

4
（13段）

起針34針

※皆使用5號棒針編織。

※拇指挑針法
參照P.42。

完成圖

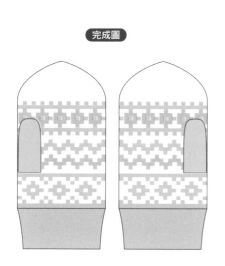

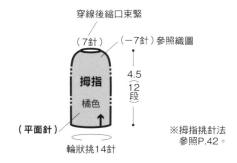

穿線後縮口束緊

（7針）（－7針）參照織圖

拇指
橘色

4.5
（12段）

（平面針）

輪狀挑14針

拇指 平面針

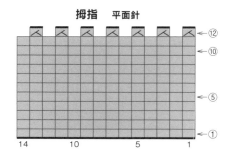

⑫
⑩
⑤
①

14　　10　　5　　1

手套

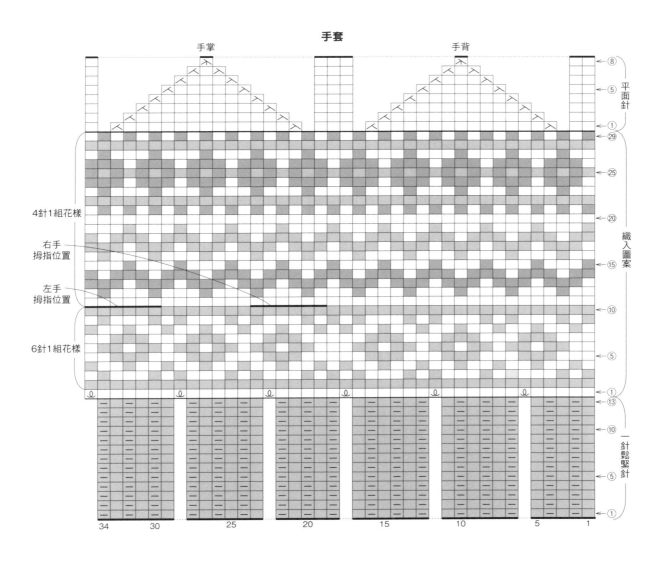

手掌 手背

← ⑧
平面針
← ⑤
← ①

4針1組花樣

右手
拇指位置

左手
拇指位置

6針1組花樣

← 29
← 25
← 20
← 15
← 10
← 5
← ①

織入圖案

← 13
← 10
← 5
← ①

一針鬆緊針

34　　30　　　　25　　　　20　　　　15　　　　10　　　　5　　　1

☐ ＝下針
— ＝上針
☒ ＝左上2併針
☒ ＝右上2併針
☒ ＝右上3併針
Ɪ ＝扭加針

配色
■ ＝藍色
☐ ＝白色
▨ ＝橘色

彩色條紋襪

photo P.28・29

❖ 材料

Hamanaka　Korpokkur　茶色（15）50g・
綠色（13）5g・黃色（5）5g・紅色（7）5g・
杏色（2）10g
棒針（5支短棒針）4號・5號

❖ 完成尺寸

腳長22.5cm　腳背圍22cm　襪筒長23.5cm

❖ 密度

10cm正方形＝平面針・織入圖案 27針×32段

❖ 編織重點

● 手指掛線起針60針，作輪編，腳踝上方的襪筒以配
色二針鬆緊針編織57段，再織5段平面針。

● 腳背側的30針休針，腳跟部分依織圖以平面針的往
復編編織。

● 回到輪編，製作腳背腳底部分，以4號棒針編織平面
針，5號棒針編織織入圖案。

● 腳尖以平面針作輪編，依織圖減針。最終段將休針
以平面針併縫接合。

● 對稱編織左腳。

完成圖

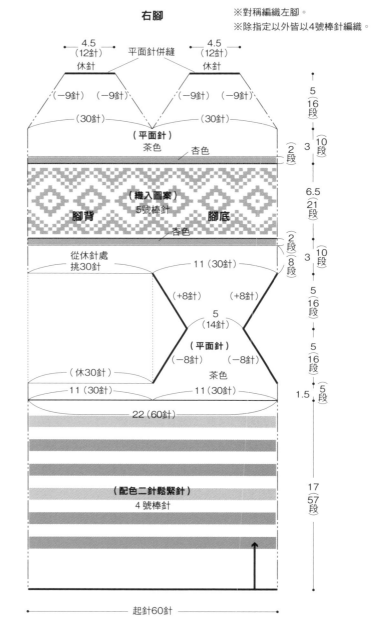

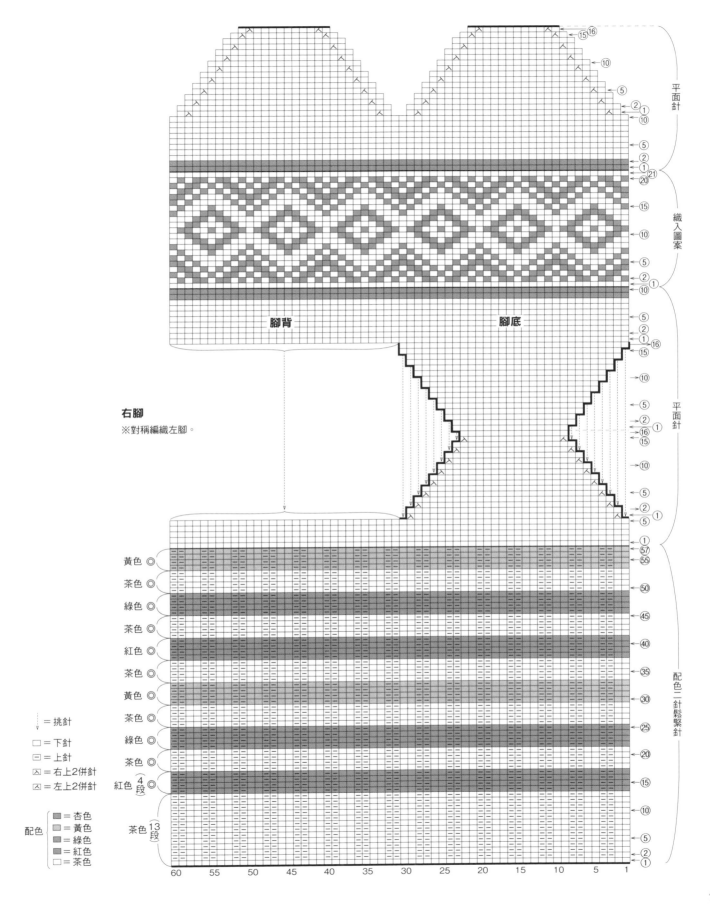

右腳

※對稱編織左腳。

平面針

織入圖案

腳背　　　　　　腳底

平面針

配色二針鬆緊針

黃色 ◎
茶色 ◎
綠色 ◎
茶色 ◎
紅色 ◎
茶色 ◎
黃色 ◎
茶色 ◎
綠色 ◎
茶色 ◎
紅色（4段）◎
茶色（13段）

↓ = 挑針
□ = 下針
⊟ = 上針
☒ = 右上2併針
☒ = 左上2併針

配色
| ■ = 杏色 |
| ■ = 黃色 |
| ■ = 綠色 |
| ■ = 紅色 |
| □ = 茶色 |

60　55　50　45　40　35　30　25　20　15　10　5　1

花朵圖案襪

photo P.31

❖ 材料

Hamanaka　Korpokkur　灰色（14）50g・
杏色（2）40g　棒針（5支短棒針）3號

❖ 完成尺寸

腳長22.5cm　腳背圍22cm　襪筒長21.5cm

❖ 密度

10cm正方形＝織入圖案 32.5針×35段

❖ 編織重點

● 手指掛線起針72針，作輪編，以配色二針鬆緊針編
織襪口，接著進行織入圖案至腳踝處。

● 腳背側的36針休針，腳跟部分依織圖以平面針的往
復編編織。

● 回到輪編，製作腳背腳底部分的織入圖案。

● 腳尖以平面針作輪編，依織圖減針。最終段的休針
以平面針併縫接合。

● 對稱編織左腳。

完成圖

右腳

※對稱編織左腳。
※皆使用3號棒針編織。

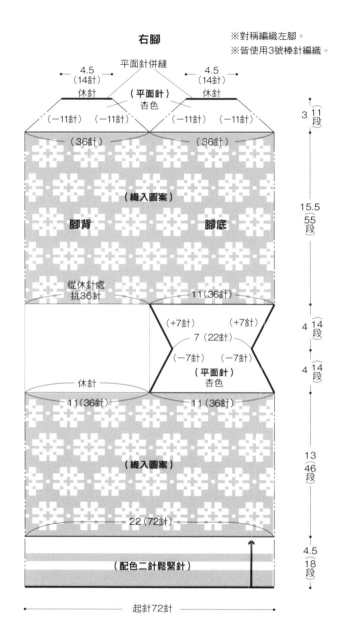

76

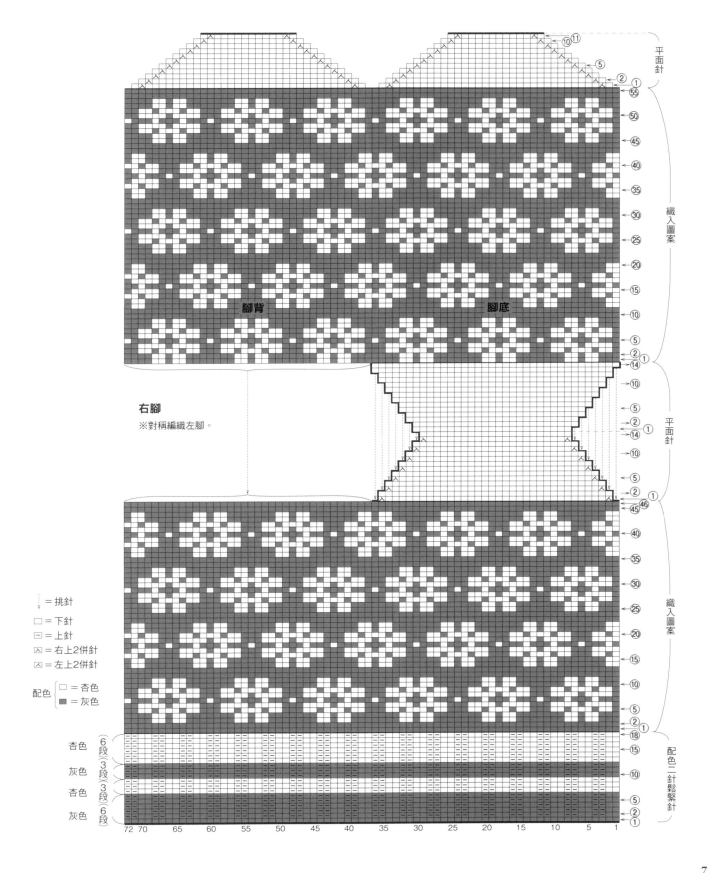

右腳
※對稱編織左腳。

‧‧‧‧ = 挑針
□ = 下針
─ = 上針
⊠ = 右上2併針
⊠ = 左上2併針

配色 { □ = 杏色
        ■ = 灰色

杏色 (6段)
灰色 (3段)(3段)
杏色
灰色 (6段)

費爾圖案襪

photo P.32

❖ 材料

Hamanaka　Korpokkur　灰色（14）35g・杏色（2）
35g・深藍色（17）15g・黃色（5）5g・茶色（15）
5g・綠色（13）5g　棒針（5支短棒針）3號
※P.33配色範本
左…Korpokkur　茶色（15）・杏色（2）・橘色
（6）・灰色（14）・綠色（13）・黃色（5）
右…Korpokkur　紅色（7）・杏色（2）・深藍色
（17）・綠色（13）・灰色（14）

❖ 完成尺寸

腳長21.5cm　腳背圍20cm　襪筒長31cm

❖ 密度

10cm正方形＝織入圖案 32.5針×35段

❖ 編織重點

● 手指掛線起針72針，作輪編，襪口以配色二針鬆緊
針編織，接著以織入圖案編織至腳踝處。

● 腳背側的36針作休針，腳跟部分依織圖以平面針的
往復編編織。

● 回到輪編，腳背腳底部分依織圖減針，以二針鬆緊
針編織。

● 腳尖以平面針作輪編，依織圖減針。最終段的休針
以平面針併縫接合。

● 對稱編織左腳。

完成圖

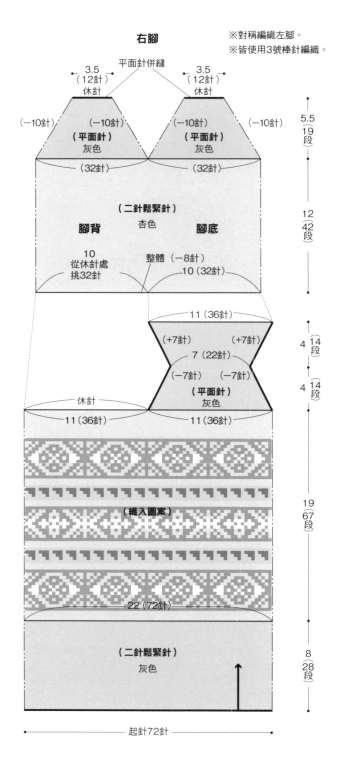

右腳

※對稱編織左腳。
※皆使用3號棒針編織。

平面針併縫

3.5（12針）　休針　　　3.5（12針）　休針

（−10針）　（−10針）　（−10針）　（−10針）
（平面針）灰色　　　　（平面針）灰色
（32針）　　　　　（32針）

5.5（19段）

（二針鬆緊針）
腳背　　杏色　　腳底

10 從休針處挑32針　整體（−8針）　10（32針）

12（42段）

11（36針）
（+7針）　（+7針）
7（22針）
（−7針）　（−7針）
（平面針）灰色

4（14段）

4（14段）

休針
11（36針）　11（36針）

（織入圖案）

19（67段）

22（72針）

（二針鬆緊針）灰色

8（28段）

起針72針

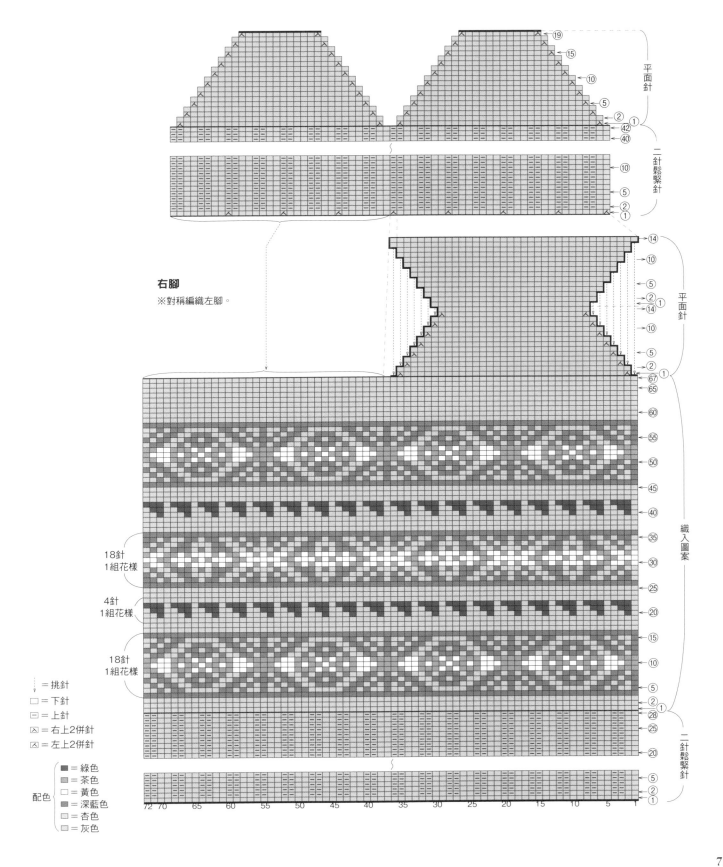

右腳

※對稱編織左腳。

平面針

二針鬆緊針

織入圖案

18針
1組花樣

4針
1組花樣

18針
1組花樣

二針鬆緊針

↓ = 挑針
□ = 下針
⊟ = 上針
⊼ = 右上2併針
⊿ = 左上2併針

配色
■ = 綠色
▥ = 茶色
□ = 黃色
▦ = 深藍色
▨ = 杏色
□ = 灰色

幾何圖案襪套

photo P.34・35

❖ 材料

Hamanaka　Sonomono〈合太〉　茶色（3）50g・
杏色（2）45g・混合白色（4）45g
棒針（4支棒針）5號・4號

❖ 完成尺寸

襪筒圍32cm　長38cm

❖ 密度

10cm正方形＝織入圖案27.5針×31段

❖ 編織重點

- 手指掛線起針88針，作輪編，以二針鬆緊針編織7段。
- 改換針號，橫向渡線進行織入圖案96段。
- 改換針號，以二針鬆緊針編織17段。
- 收針時的套收針織法與最終段針目相同。
- 以相同作法再編織1個。

完成圖

襪套 2個

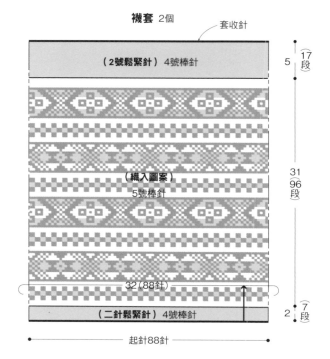

80

襪套

下針作下針套收針
上針作上針套收針（杏色）

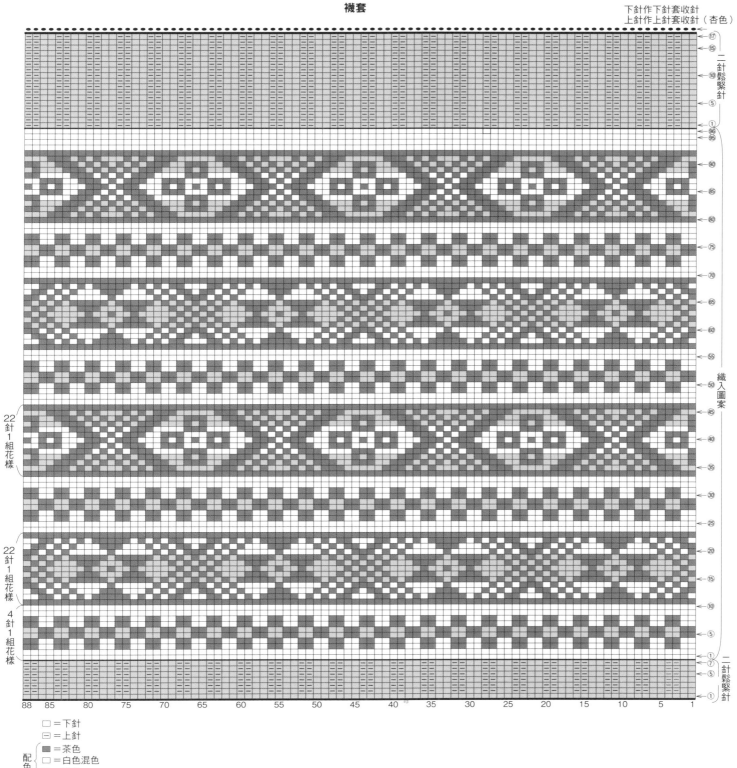

□ = 下針
⊟ = 上針

配色 {
■ = 茶色
□ = 白色混色
▨ = 杏色
}

花朵圖案腹圍

photo P.25

❄ 材料
　Hamanaka　Aran Tweed　原色（1）58g・
　黑色（12）28g　棒針（4支棒針或40cm輪針）10號

❄ 完成尺寸
　腹圍64cm　高20.5cm

❄ 密度
　10cm正方形＝織入圖案 20針×25段

❄ 編織重點
● 手指掛線起針128針，作輪編，以二針鬆緊針編織7段。
● 橫向渡線編織36段織入圖案。
● 接著以二針鬆緊針編織6段。
● 收針時的套收針織法與最終段針目相同。

※皆使用10號棒針編織。

腹圍

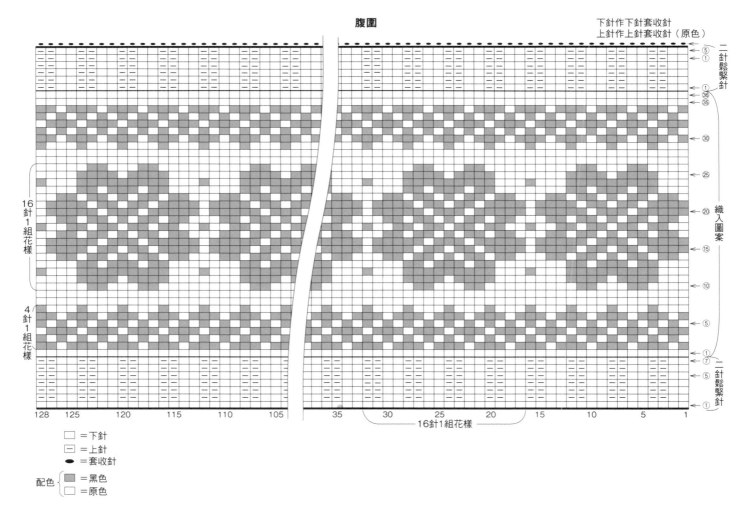

□＝下針
⊟＝上針
●＝套收針
配色｛ ▨＝黑色
　　　 □＝原色

棒針編織基礎
❖❖❖❖❖❖❖❖❖

手指掛線起針法

①線頭端預留約編織長度的3倍線長，作一線環。

②從線環中拉出一段線頭端的織線。

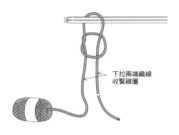

下拉兩端織線收緊線圈

③將2支棒針穿入線圈中，拉動織線收緊線圈。

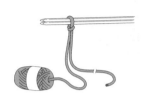

④完成第1針。拇指掛線頭端織線，食指掛線球端織線。

⑤依圖示1・2・3的箭頭方向移動棒針，在棒針上掛線。

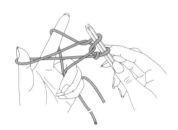

⑥依1・2・3的順序掛線後的模樣。

⑦鬆開拇指上的線之後，依箭頭指示再次勾住線。

⑧拇指收緊棒針上的針目，完成第2針。重複步驟⑤至⑧。

⑨完成起針針目，作出必要針數。

⑩抽出一支棒針後，開始編織第2段。

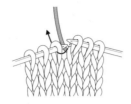

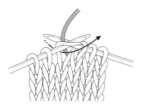

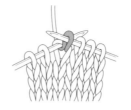

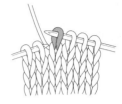

❶織線在外側，右棒針依箭頭指示由內側穿入針目。

❷右棒針掛線後，依箭頭指示往內鉤出織線。

❸鉤出織線後，將針目滑出棒針。

❹完成1針下針。

── 上針

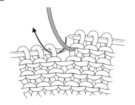

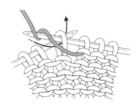

❶織線在內側，右棒針依箭頭指示由外側穿入針目。

❷右棒針掛線後，依箭頭指示往外鉤出織線。

❸右棒針鉤出織線後，將針目滑出左棒針。

❹完成1針上針。

○ 掛針

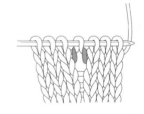

❶織線由前往後掛在右棒針上。

❷編織1針下針。

❸完成1針掛針。

❹織完下一段的模樣。

● 套收針

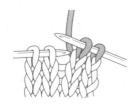

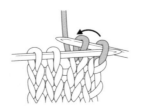

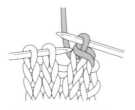

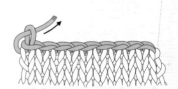

❶邊端2針織下針。

❷以左棒針挑起第1針，套住第2針。

❸完成下針的套收針。

❹最後將織線穿入針目，收緊即可。

☒ 右上2併針

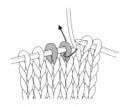 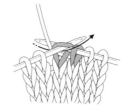  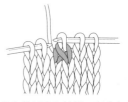

❶右棒針依箭頭指示穿入針目，不編織直接移至右針上。

❷右棒針穿入下一針目，織下針。

❸左棒針穿入移至右棒針的針目，覆蓋②織好的針目。

❹左棒針滑出針目。完成右上2併針。

☒ 左上2併針

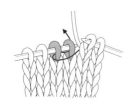 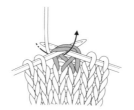 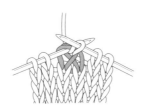 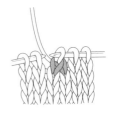

❶右棒針依箭頭指示，從左側穿入2針目。

❷右棒針掛線，2針一起編織下針。

❸左棒針滑出針目。

❹完成左上2併針。

☒ 上針的右上2併針

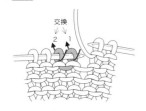   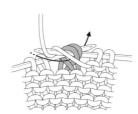 

❶針目1、2要交叉。右棒針依箭頭指示穿入2針目，從左針移開。

❷左棒針依箭頭指示挑起針目，從右針移開。

❸針目交叉。右棒針依箭頭方向穿入。

❹2針一起織上針。

❺完成上針的右上2併針。

☒ 上針的左上2併針

 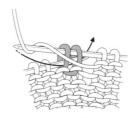  

❶右棒針依箭頭指示，從右側穿入2針目。

❷右棒針掛線，2針一起織上針。

❸左棒針滑出針目。

❹完成上針的左上2併針。

 扭加針＜下針＞

❶右棒針依箭頭指示入針，挑起針目之間的織線。

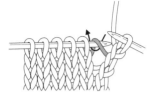

❷將挑起的織線掛在左棒針上，右棒針再依箭頭指示穿入針目。

❸右棒針掛線，依箭頭指示鉤出織線。

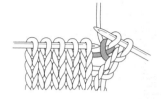

❹完成下針的扭加針。

 扭加針＜上針＞

❶右棒針依箭頭指示入針，挑起針目之間的織線。

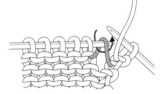

❷將挑起的織線掛在左棒針上，右棒針由外側依箭頭指示穿入。

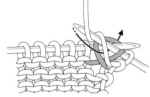

❸右棒針掛線，依箭頭指示鉤出織線。

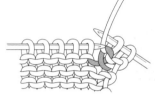

❹完成上針的扭加針。

━━ 右上3併針

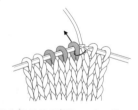

❶右棒針依箭頭指示穿入針目1，不編織直接移至右針上。

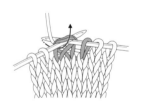

❷右棒針一次穿入下2針，2針一起織下針。

❸左棒針挑起先前移動的1針，覆在織好的針目上。

❹左棒針滑出針目，完成右上3併針。

人 中上3併針

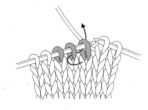

❶依箭頭指示，從左邊一次穿入右側2針，不編織直接移至右針上。

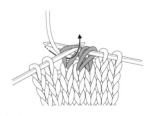

❷右棒針穿入第3針，織下針。

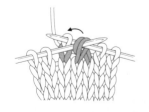

❸左棒針挑起先前移至右針的2針，覆在織好的左側針目上。

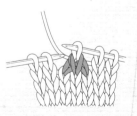

❹左棒針滑出針目，完成中上3併針。

▨▥ 右上2針交叉　　　P.69的右上3針交叉，將2針改為3針即可（分3針交叉編織）。

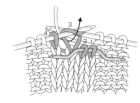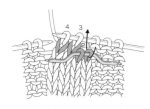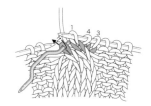

❶將右側2針移至麻花針上，放在內側暫休針。針目3・4織下針。

❷右棒針穿入麻花針上休針的針目1，織下針。

❸麻花針上的針目2也織下針。

❹完成右上2針交叉。

捲加針＜輪狀編織時＞

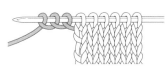

❶棒針如圖穿入掛在食指上的線後，放掉食指。

❷重複①，完成3針捲加針的模樣。

❸下一段將右棒針按箭頭方向穿入後編織下針。

平面針併縫

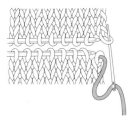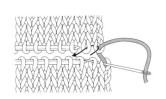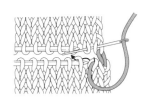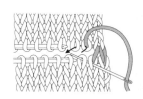

❶將2織片正面朝上對齊。由背面入針，從靠近自己的織片開始，挑縫相對的邊端針目。

❷縫針接著橫向穿入下方織片的2針目，再依箭頭指示穿入上方織片的2針。

❸縫針橫向入針。下一針，穿入下方織片的2針（每1針目都挑縫2次）。

❹橫向入針，接著再挑縫上方織片的2針，重複②至④的縫法。

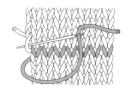

❺最後，將縫針由內往外穿入上方織片的針目中。兩織片皆差半針。

平面針刺繡

在完成的織片加上刺繡，可以作為裝飾點綴，或是發現「漏掉織入圖案的1針！」時，方便的補救作法。

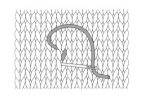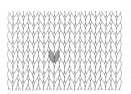

❶在刺繡針目下方的中心出針，橫向挑起上一段針目的V字，拉線。

❷縫針回到最初出針的位置，入針後拉線。

【Knit‧愛鉤織】37

手套‧帽子‧襪子
23款冬日小物的編織圖案&配色遊戲

作　　　　者／すぎやまとも
譯　　　　者／莊琇雲
發　行　人／詹慶和
總　編　輯／蔡麗玲
執　行　編　輯／蔡毓玲
特　約　編　輯／蘇方融
編　　　　輯／劉蕙寧‧黃璟安‧陳姿伶‧白宜平‧李佳穎
執　行　美　術／李盈儀
美　術　編　輯／陳麗娜‧周盈汝
內　頁　排　版／造極
出　　版　者／雅書堂文化事業有限公司
發　　行　者／雅書堂文化事業有限公司
郵政劃撥帳號／18225950
戶　　　　名／雅書堂文化事業有限公司
地　　　　址／新北市板橋區板新路206號3樓
電　　　　話／（02）8952-4078
傳　　　　真／（02）8952-4084
網　　　　址／www.elegantbooks.com.tw
電　子　信　箱／elegantbooks@msa.hinet.net

....
2014年12月初版一刷　定價320元
....

AMIKOMI-KOMONO NO MITTEN BOSHI SOCKS（NV80291）
Copyright © Tomo Sugiyama/ NIHON VOGUE-SHA 2012
All rights reserved.
Photographer: Akiko Ohshima, Noriaki Moriya, Kana Watanabe, Yuki Morimura
Original Japanese edition published in Japan by Nihon Vogue Co., Ltd.
Traditional Chinese translation rights arranged with Nihon Vogue Co., Ltd. through
Keio Cultural Enterprise Co., Ltd.
Traditional Chinese edition copyright©2014 by Elegant Books Cultural Enterprise Co., Ltd.

總經銷／朝日文化事業有限公司
進退貨地址／235新北市中和區橋安街15巷1號7樓
電話／（02）2249-7714
傳真／（02）2249-8715

國家圖書館出版品預行編目資料

手套.帽子.襪子：23款冬日小物的編織圖案
&配色遊戲／すぎやまとも著；莊琇雲譯. -- 初
版. -- 新北市：雅書堂文化，2014.12
　面；　公分. -- (愛鉤織；37)
　ISBN 978-986-302-213-8(平裝)

1. 編織 2. 手工藝
426.4　　　　　　　　　　　　　103023841

作者簡介

すぎやまとも（Sugiyama Tomo）
自手工藝教室Vogue學園畢業後，即以編織創作者的身分活躍於業界。
以研究國內外的手工藝古書為中心，並且在手作雜誌等，發表可活用於平日穿著搭配的小物和衣物設計。
同時也不定期舉行展覽和作品販賣。
https://twitter.com/sugiyam_t

STAFF

攝影　　　　大島明子
步驟攝影　　森谷則秋‧渡邊華奈‧森村友紀
造型　　　　串尾廣枝
書籍設計　　前原香織
髮妝　　　　草場妙子
模特兒　　　ハンナ
作品製作　　尾崎廣乃‧佐野光代‧甲斐直子
　　　　　　渡邊孝子‧栗山良惠‧帖地美穗
作法‧製圖　中村洋子‧渡邊啓子‧村木美佐子
責任編輯　　竹岡智代
總編輯　　　秋間三枝子

素材提供

本書作品皆使用Hamanaka手織線、Hamanaka Amiami鉤針。詳細相關資訊請見：
Hamanaka株式會社 http://www.hamanaka.co.jp/
Hamanaka（廣州）貿易有限公司 http://www.hamanaka.com.cn/

攝影協力

BLANKET／www.blanket.jp
p.5胸口打褶洋裝‧p.13平織洋裝‧p.17針織外套
p.21亞麻混羊毛洋裝‧p.24連身洋裝‧p.28圍裙風罩衫
ビルケンシュトック原宿／TEL 03-5413-5248
p.28, p.29鞋子（RIO）
D‧M‧G／TEL 03-3470-6510
p.28, p.29, p.34, p.35牛仔褲
Marble SUD／TEL 03-5275-3755
p.22牛仔襯衫‧p.25天鵝絨褲‧p.32 Fox針織洋裝

Hand warmer & hair band

Pompon cap of different colors